基于“校企合作”人才培养模式
数控技术应用示范专业教改新教材

数控加工技术基础学习指南

主　编　彭美武（学校）
　　　　饶小创（企业）
参　编　卢万强（学校）
　　　　吴绍富（企业）
主　审　武友德（学校）
　　　　黄　亮（企业）

机械工业出版社

本书是卢万强、饶小创主编的《数控加工技术基础》（书号 ISBN 978-7-111-27786-6）的配套学习指南。本书依据《数控加工岗位职业标准》和《数控技术专业人才培养质量标准》而编写，遵循学生职业能力培养的基本规律。

全书以真实工作任务及工作过程为依据，分别针对《数控加工技术基础》一书中的数控车削加工圆柱表面及端面、数控车削加工圆锥表面、数控车削加工圆弧表面、数控铣削加工零件平面和数控铣削加工零件轮廓面5个课题进行的专项训练，巩固加深教材所学内容。

本书可以作为高等职业院校数控专业教学用书，也可供数控技能大赛备赛人员及企业相关技术人员参考。

图书在版编目（CIP）数据

数控加工技术基础学习指南/彭美武，饶小创主编．—北京：机械工业出版社，2011.2

基于“校企合作”人才培养模式．数控技术应用示范专业教改新教材

ISBN 978-7-111-33385-2

Ⅰ.①数…　Ⅱ.①彭…②饶…　Ⅲ.①数控机床-加工-高等学校：技术学校-教材　Ⅳ.①TG659

中国版本图书馆 CIP 数据核字（2011）第 020295 号

机械工业出版社（北京市百万庄大街22号　邮政编码 100037）
策划编辑：汪光灿　责任编辑：张云鹏　版式设计：霍永明
责任校对：李秋荣　封面设计：王伟光　责任印制：乔　宇
北京机工印刷厂印刷（三河市南杨庄国丰装订厂装订）
2011年4月第1版第1次印刷
184mm×260mm · 6.75印张 · 165千字
0 001—3 000册
标准书号：ISBN 978-7-111-33385-2
定价：16.00元

凡购本书，如有缺页、倒页、脱页，由本社发行部调换

电话服务
社服务中心：(010) 88361066
销售一部：(010) 68326294
销售二部：(010) 88379649
读者购书热线：(010) 88379203

网络服务
门户网：http://www.cmpbook.com
教材网：http://www.cmpedu.com
封面无防伪标均为盗版

前 言

“数控加工技术基础”课程是数控技术应用专业的一门主干课程，本书是该课程的配套用书。为做好该课程的建设，我们组建了由机械类专业学科带头人、课程带头人、骨干教师及知名企业人员组成的校企合作课程开发团队。本书的编写实行双主编制，由四川工程职业技术学院彭美武副教授和东方电气集团有限公司饶小创高级工程师联合担任主编；由武友德教授和黄亮教授级高工联合担任主审。

为了使“数控加工技术基础”课程符合中、高级技能人才培养目标和专业相关技术领域职业岗位的任职要求，本书编写组按照“行业引领、企业主导、学校参与”的思路，与行业企业有关专家一同制定了“数控加工岗位职业标准”，该标准已通过由中国机械工业联合会组织的，由有关行业、企业专家组成的鉴定组的评审鉴定。依据“数控加工岗位职业标准”，本书的编写明确了课程内容，并基于“校企合作”的人才培养模式对课程内容进行了组织和调整。

本书的编写始终以《数控加工岗位职业标准》所确定的该门课程所承担的典型工作任务为依托，基于工厂“典型设备”的控制过程为导向，结合企业生产实际“数控加工”的工作流程，分析完成每个流程所必需的知识和能力结构，归纳了“数控加工技术基础”课程的主要工作任务，选择合适的载体，构建主体学习单元；按照任务驱动、项目导向，以职业能力培养为重点，将真实生产过程和产品融入教学全过程。

通过与企业长期合作共建的桥梁，我们在两年前开发出了工学结合的《数控加工技术基础》活页教材，并在此基础上，经过专业教学指导委员会的多次论证和修改，最终编写了本书。

本书由卢万强副教授编写课题一、二、三，东方电气集团有限公司饶小创高级工程师提供相关资料，并协助编写；彭美武副教授编写课题四、五，中国第二重型机械集团公司吴绍富教授级高工提供相关资料，并协助编写。

由于编者水平有限，书中难免存在错误与疏漏之处，敬请广大读者批评指正。

编 者

目　录

课题一

数控车削加工圆柱表面及端面

授课计划	
数控加工技术基础	总学时：48
数控车削加工圆柱表面及端面	学时：10

学习目标

1. 了解数控车床的结构。
2. 了解数控机床的组成和分类。
3. 能看懂零件图样并能进行工艺分析。
4. 能根据零件图样确定加工方案。
5. 能编制数控加工程序。
6. 能实现零件的加工仿真。
7. 能正确测量工件。

补充阅读材料

一、数控技术的发展

1. 数控的定义

数字控制可以定义为通过机床控制系统用特定的编程代码对机床进行操作。

数控是数字控制的简称，英文为 Numerical Control，简称 NC。目前数控一般是采用通用或专用计算机来实现数字程序控制，因此数控也称为计算机数控（Computer Numerical Control），简称 CNC。数控技术是指用数字、文字和符号组成的数字指令来实现一台或多台机械设备动作控制的技术。它所控制的通常是位移、角度、速度等机械量或与机械能量流向有关的开关量。数控的产生依赖于数据载体和二进制形式数据运算的出现，数控技术的发展与计算机技术的发展是紧密相连的。

采用数字控制的机床，即装备了数控系统的机床，称为数控机床。数控机床是机电一体化的典型产品，是集机床、计算机、电动机及拖动、自动控制、检测等技术为一体的自动化设备。数控机床可通过计算机软件来实现输入数据的存储、处理、运算、逻辑判断等控制功能。

2. 数控技术的产生

随着科学技术和社会生产的不断发展，机械产品的结构越来越复杂，产品更新速度越来越快，这就对加工机械产品的生产设备提出了更高（高性能、高精度和高自动化）的要求。传统的普通机床、专用机床、仿形机床已经不能满足加工需要，为此，一种新型的数字程序控制机床应运而生。它极其有效地解决了上述一系列矛盾，为单件、小批量生产，特别是复杂型面零件的生产提供了自动化加工手段。数字控制技术（简称数控技术）诞生于 20 世纪中期，最早可以追溯到 1952 年。该技术的出现与美国空军以及美国麻省理工学院密不可分。直到 20 世纪 60 年代早期，数控技术才应用在产品制造领域。数控技术真正的繁荣时代是在 1972 年前后随着 CNC 技术的产生而到来的。

3. 数控加工技术的发展历程

1949 年美国 Parson 公司与麻省理工学院开始合作，历时二年研制出能进行三轴控制的数控铣床样机，取名“Numerical Control”。

1953 年麻省理工学院开发出只需确定零件轮廓、指定切削路线，即可生成 NC 程序的自动编程语言。

1959 年美国 Keaney & Trecker 公司开发成功了带刀库，能自动进行刀具交换，一次装夹中即能进行铣削、钻削、镗削、攻螺纹等多种加工功能的数控机床——加工中心。

1968 年英国首次将多台数控机床、无人化搬运小车和自动仓库在计算机控制下连接成自动加工系统，这就是柔性制造系统（FMS）。

1974 年微处理器开始运用于机床的数控系统中，从此 CNC（计算机数控）系统软线数控技术得以快速发展。

1976 年美国 Lockhead 公司开始使用图像编程。利用 CAD（计算机辅助设计）绘出加工零件的模型，在显示器上“指点”被加工的部位，输入所需的工艺参数，即可由计算机自动计算刀具路径，模拟加工状态，获得 NC 程序。

DNC（直接数控）技术始于20世纪60年代末期。它是使用一台通用计算机，直接控制和管理一群数控机床及加工中心，进行多品种、多工序的自动加工。

现代数控机床上的DNC接口就是机床数控装置与通用计算机之间进行数据传送及通信控制用的，也是数控机床之间实现通信用的接口。随着DNC数控技术的发展，数控机床已成为无人控制工厂的基本组成单元。20世纪90年代，出现了包括市场预测、生产决策、产品设计与制造和销售等全过程均由计算机集成管理和控制的计算机集成制造系统CIMS，其中，数控机床是其基本控制单元。

20世纪90年代，基于PC-NC的智能数控系统开始得到发展，它打破了原数控厂家各自为政的封闭式专用系统结构模式，提供开放式基础，使升级换代变得非常容易。充分利用现有PC机的软硬件资源，使远程控制、远程检测诊断得以实现。我国早在1958年就开始研制数控机床。1980年，北京机床研究所引进日本FANUC5、7、3、6数控系统，上海机床研究所引进美国GE公司的MTC-1数控系统，辽宁精密仪器厂引进美国Bendix公司的Dynapth LTD10数控系统。在引进、消化、吸收国外先进技术的基础上，北京机床研究所开发出BS03经济型数控和BS04全功能数控系统，航天部706所研制出MNC864数控系统。“八五”期间国家又组织近百个单位进行以发展自主版权为目标的数控技术攻关，从而为数控技术产业化建立了基础。20世纪90年代末，华中数控自主开发出基于PC-NC的HNC数控系统，达到了国际先进水平，加大了我国数控机床在国际上的竞争力度。

4. 数控技术在国民经济中的地位

数控技术的应用不但给传统制造业带来了革命性的变化，使制造业成为工业化的象征，而且随着数控技术的不断发展和应用领域的扩大，它在影响国计民生的一些重要行业（IT、汽车、轻工、医疗等）中起着越来越重要的作用。

装备制造业的技术水平和现代化程度决定着整个国民经济的水平和现代化程度，数控技术及装备是发展新兴高新技术产业和尖端工业的使能技术和最基本的装备。马克思曾说“各种经济时代的区别，不在于生产什么，而在于怎样生产，用什么劳动资料生产”。制造技术和装备就是人类生产活动最基本的生产资料，而数控技术又是当今先进制造技术和装备最核心的技术。因此，专家们预言：机械制造的竞争，其实质是数控技术的竞争。

数控技术是用数字信息对机械运动和工作过程进行控制的技术，是制造业实现自动化、柔性化、集成化生产的基础，是提高产品质量、提高劳动生产率必不可少的物质手段，是国防现代化的重要战略物资，是关系到国家战略地位和体现国家综合国力水平的重要基础性产业。当今世界各国制造业广泛采用数控技术，以提高制造能力和水平，提高对动态多变市场的适应能力和竞争能力。大力发展以数控技术为核心的先进制造技术已成为世界各发达国家加速经济发展、提高综合国力和国家地位的重要途径。此外，世界上各工业发达国家还将数控技术及数控装备列为国家的战略物资，不仅采取重大措施来发展自己的数控技术及其产业，而且在“高、精、尖”数控关键技术和装备方面对我国实行封锁和限制政策。

根据国民经济发展和国家重点建设工程的具体需求，设计制造“高、精、尖”重大数控装备，打破国外封锁，掌握数控装备关键技术，创出中国数控机床品牌，提高市场占有率是全面提升我国基础制造装备的核心竞争力的关键所在。

5. 数控技术的发展趋势

随着科学技术的不断发展，数控技术的发展越来越快，数控机床朝着高性能、高精度、高速度、高柔性化和模块化方向发展，其主要的发展趋势是智能化、开放化、网络化。

（1）智能化　智能化的内容包括在数控系统中的各个方面：

1）加工效率和加工质量方面的智能化，使加工过程的自适应控制，工艺参数自动生成。

2）提高驱动性能及使用连接方便的智能化，使用前馈控制、电动机参数的自适应运算、自动识别负载、自动选定模型、自整定等。

3）简化编程、简化操作方面的智能化，使用智能化的自动编程、智能化的人机界面等。

4）智能诊断、智能监控方面的内容、方便系统的诊断及维修等。

（2）开放化　采用“PC + 运动控制器”的开放式数控系统，它不仅具有信息处理能力强、开放程度高、运动轨迹控制精确、通用性好等特点，而且还在很大程度上提高了现有加工制造的精度、柔性和适应市场需求的能力。美国将其称为新一代的工业控制器，日本称其将带来第三次工业革命。

近几年，许多国家对开放式数控系统进行研究，如美国的 NGC（The Next Generation Work-Station/Machine Control）、欧盟的 OSACA（Open System Architecture for Control within Automation Systems）、日本的 OSEC（Open System Environment for Controller），中国的 ONC（Open Numerical Control）等。数控系统开放化已经成为数控系统未来发展的必然趋势。所谓开放式数控系统就是数控系统的开发可以在统一的运行平台上，面向机床厂家和最终用户，通过改变、增加或删减结构对象（数控功能），形成系列化，并可方便地将用户的特殊使用需求集成到控制系统中，快速实现不同品种、不同档次的开放式数控系统，形成具有鲜明个性的名牌产品。目前开放式数控系统的体系结构规范、通信规范、配置规范、运行平台、数控系统功能库以及数控系统功能软件开发工具等是当前研究的核心。

（3）网络化　网络化数控装备是近几年国际著名机床博览会的一个新亮点。数控装备的网络化将极大地满足生产线、制造系统、制造企业对信息集成的需求，也是实现新的制造模式如敏捷制造、虚拟企业、全球制造的基础单元。国内外一些著名数控机床和数控系统制造公司都在近几年推出了相关的新概念和样机，如在 EMO2001 展中，日本山崎马扎克（Mazak）公司展出的“CyberProduction Center”（智能生产控制中心，简称 CPC）；日本大隈（Okuma）机床公司展出“IT plaza”（信息技术广场，简称 IT 广场）；德国西门子（Siemens）公司展出的“Open Manufacturing Environment”（开放制造环境，简称 OME）等，反映了数控机床加工向网络化方向发展的趋势。

二、数控加工程序编制过程及方法

1. 数控加工程序编制过程

数控加工程序编制应该有如下几个过程，如图 1-1 所示。

（1）分析零件图样　分析零件的材料、形状、尺寸、精度及毛坯形状和热处理工艺要求等，以便确定该零件是否适宜在数控机床上加工，或适宜在哪类数控机床上加工。有时

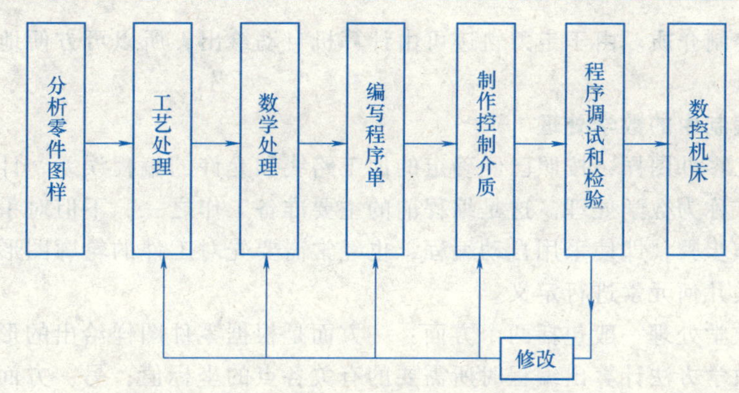

图 1-1　数控加工程序编制过程

还要确定在某台数控机床上加工该零件的哪些工序或哪几个表面。

（2）工艺处理　确定零件的加工方法（如采用的工夹具、装夹定位方法等）和加工路线（如对刀点、走刀路线），并确定加工用量等工艺参数（如切削进给速度、主轴转速、背吃刀量和侧吃刀量等）。

（3）数学处理　根据零件图样所确定的加工路线，算出数控机床所需输入的数据，如零件轮廓相邻几何元素的交点和切点，用直线或圆弧逼近零件轮廓时相邻几何元素的交点和切点等。

（4）编写程序单　根据加工路线计算出的数据和已确定的加工用量，结合数控系统的程序段格式编写零件加工程序单。此外，还应填写有关的工艺文件，如数控加工工序卡片、数控刀具卡片、工件安装和原点设定卡片等。

（5）制作控制介质　按程序单将程序内容记录在控制介质（如穿孔纸带）上作为数控装置的输入信息。应根据所用机床能识别的控制介质类型制备相应的控制介质。

（6）程序调试和检验　可通过模拟软件来模拟实际加工过程，或将程序送到机床数控装置后进行空运行，或通过首件加工等多种方式来检验所编制出的程序，发现错误则应及时修正，一直到程序能正确执行为止。

2. 数控加工程序编制方法

数控加工程序的编制方法有手工编程和自动编程两种。

（1）手工编程　从零件图样分析、工艺处理、数学处理、书写程序单、制穿孔纸带直至程序的校验等各个步骤均由人工完成的程序编制方法称为手工编程。对于点位加工或几何形状不太复杂的零件来说，其编程计算较简单，程序量不大，手工编程即可实现。但对于形状复杂或轮廓不是由直线、圆弧组成的非圆曲线零件；或者是空间曲面零件即使由简单几何元素组成，但程序量很大，使得计算相当繁琐，手工编程困难且易出错，则必须采用自动编程的方法。

（2）自动编程　编程工作的大部分或全部由计算机完成的程序编制方法称为自动编程。编程人员只要根据零件图样和工艺要求，用规定的语言编写一个源程序或者将图形信息输入到计算机中，由计算机自动处理，计算出刀具中心的轨迹，编写出加工程序单，并自动制成所需控制介质。由于走刀轨迹可由计算机自动绘出，所以可方便地对编程错误作及时修正。

三、程序编制中的数学处理

根据被加工零件图样，按照已经确定的加工路线和允许的编程误差，计算刀具运动轨迹的位置数据，称为数学处理。这是编程前的主要准备工作之一，不但对手工编程来说是必不可少的工作步骤，即使采用自动编程，也经常需要先对工件的轮廓图形进行数学预处理，才能对有关几何元素进行定义。

对图形的数学处理一般包括两个方面：一方面是根据零件图样给出的形状、尺寸和公差等直接通过数学方法计算出编程时所需要的有关各点的坐标值；另一方面，当按照零件图样给出的条件还不能直接计算出编程时所需要的所有坐标值、也不能按零件图样给出的条件直接进行工件轮廓几何要素的定义进行自动编程时，就必须根据所采用的具体工艺方法、工艺装备等加工条件，对零件原图形及有关尺寸进行必要的数学处理或改动，才可以进行各点的坐标计算和编程工作。

1. 编程原点的选择及尺寸换算

这里的原点是指编制加工程序时所使用的编程原点。加工程序中的字大部分是尺寸字，这些尺寸字中的数据是程序的主要内容。同一个零件，同样的加工，由于原点的选取不同，尺寸字中的数据就不一样，所以，编程之前首先要选定原点。从理论上讲，原点选在任何位置都是可以的。但实际上，为了换算尽可能简便以及尺寸较为直观，应尽可能把原点的位置选得合理些。

车削工件的编程原点 X 向均应取在零件的中心线上，所以原点的位置只在 Z 向作选择，原点 Z 向位置一般在工件的左端面或右端面两者中作选择。如果是左右对称的零件，Z 向原点应选在对称平面内，这样同一个程序可用于调头前后的两道加工工序。对于轮廓中有椭圆之类非圆曲线的零件，Z 向原点取在椭圆的对称中心，这样便于数学计算。

铣削工件的编程原点，X、Y 向原点一般选择在设计基准或工艺基准的端面上或孔中心线上。若工件有对称部分，则应选择在对称面上，以便于利用数控系统功能简化编程。Z 向原点习惯于取在工件的上表面，这样当刀具切入工件后的 Z 向尺寸字均为负值，离开工件表面后的 Z 向尺寸字均为正值，以便于检查程序。原点选定后，就应对零件图样中各点的尺寸进行换算，即把各点的尺寸换算成从编程原点开始的坐标值，并重新标注。在标注中，一般可按尺寸公差中值标注，这样在加工过程中比较容易控制尺寸公差。

2. 基点与节点

（1）基点　一个零件的轮廓曲线可能由许多不同的几何要素所组成，如直线、圆弧、二次曲线等。各几何要素之间的连接点称为基点。如两条直线的交点，直线与圆弧的交点或切点，圆弧与二次曲线的交点或切点等。显然，基点坐标是编程中需要的重要数据。

现以图 1-2 所示的零件为例介绍各点的计算方法。该零件轮廓由四段直线和一段圆弧组成，其中点 A、B、C、D、E 为基点。基点 A、B、D、E 的坐标值从图样尺寸可以很容易找出。点 C 是过点 B 的直线与中心为 O_2、半径为 30mm 的圆弧的切点。这个尺寸，图样上并未标注，所以要用解联立方程的方法来找出切点 C 的坐标。

求点 C 的坐标可以用下述方法：求出直线 BC 的方程，然后与以 O_2 为圆心的圆的方

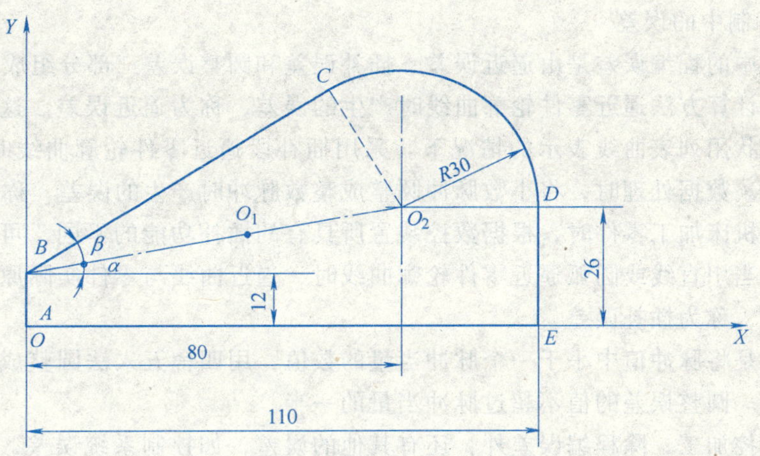

图 1-2　零件轮廓的基点

程联立求解。为了计算方便，可将坐标原点选在点 B 上。

从图上可知，以 O_2 为圆心的圆的方程为

$$(x-80)^2+(y-14)^2=30^2$$

其中，O_2 坐标（80，14），可从图上尺寸直接计算出来。过点 B 的直线方程为 $y=kx$。从图上可以看出 $k=\tan(\alpha+\beta)$。这两个角的正切值从已知尺寸可以很容易求出，从而得出 $k=0.6153$。然后将两方程联立求解，即

$$\begin{cases}(x-80)^2+(y-14)^2=30^2\\ y=0.6153x\end{cases}$$

即可求得现在坐标系点 C 的坐标为（64.2786，39.5507）。换算成编程坐标系中的坐标则为（64.2786，51.5507）。在计算时，要注意将小数点以后的位数留够。

点 C 的坐标也可以采用其他求法。

（2）节点　当被加工零件轮廓形状与机床的插补功能不一致时，如在只有直线和圆弧插补功能的数控机床上加工椭圆、双曲线、抛物线、阿基米德螺旋线或用一系列坐标点表示的列表曲线时，采用直线或圆弧去逼近被加工曲线。这时，逼近线段与被加工曲线的交点就称为节点。当图 1-3 中的曲线用直线逼近时，其交点 A、B、C、D、E 等为节点。

在编程时，要计算出节点的坐标，并按节点划分程序段。节点数目的多少，由被加工曲线的特性方程（形状）、逼近线段的形状和允许的插补误差来决定。

很显然，当选用的机床数控系统具有相应几何曲线的插补功能时，编程中数值计算最简单，只要求出基点，并按基点划分程序段就可以了。但一般数控机床上是不具备前述二次曲线等的插补功能的。因此，就要用逼近的方法去加工，这就需要求节点的数目及其坐标。

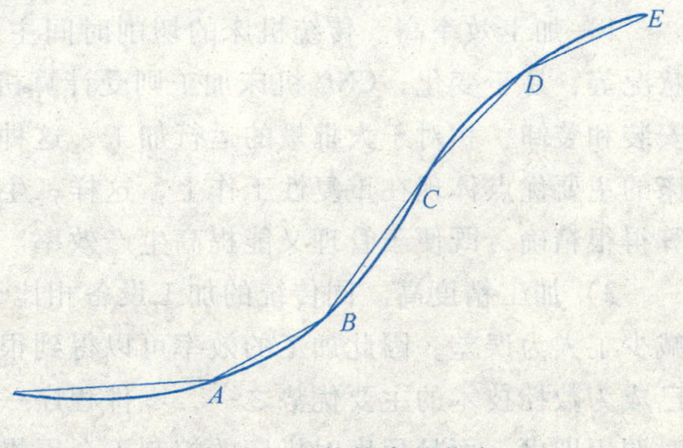

图 1-3　零件轮廓的节点

3. 程序编制中的误差

程序编制中的程编误差是由逼近误差、插补误差和圆整误差三部分组成的。

采用近似计算方法逼近零件轮廓曲线时产生的误差，称为逼近误差。这种误差只出现在零件轮廓形状用列表曲线表示的情况下。采用插补段逼近零件轮廓曲线时产生的误差，称为插补误差。数据处理时，将小数脉冲圆整成整数脉冲时产生的误差，称为圆整误差。

当用数控机床加工零件时，根据数控装置所具有的插补功能的不同，可用直线或去逼近零件轮廓。当用直线或圆弧逼近零件轮廓曲线时，逼近曲线与零件实际原始轮廓曲线之间的最大差值，称为插补误差。

圆整误差是将脉冲值中小于一个脉冲当量的数值，用四舍五入法圆整成整数脉冲值时所产生的误差。圆整误差的值不超过脉冲当量的一半。

零件的数控加工，除程编误差外，还有其他的误差，如控制系统误差、进给误差、零件定位误差、对刀误差等，可见零件数控加工误差应为上述各项误差的总和。

由于数控加工中，进给误差和定位误差是不可避免的误差，且占数控加工误差中的比例很大，所以程编误差允许占有的比例很小，程编误差一般是加工误差的 1/5 ~ 1/10。

要想缩小程编误差，就要增加插补段，这将增加数据计算工作量。所以，合理选择程编误差是程序编制的重要问题之一。

四、数控加工与传统切削加工的区别

数控加工和传统切削加工的基本加工方式是类似的。在传统切削加工中，机床操作员用手操作机床来完成零件的加工，需要依赖各种手柄和刻度，加工的精度和工件的一致性在很大程度上取决于操作者的技术水平、身体状况和工作态度，因而对操作者的操作技能要求较高。

数控加工是一种现代化的自动控制过程，主要依赖各种先进的控制系统和自动检测元件来代替手工操作，加工的精度和工件的一致性在很大程度上取决于机床的精度和程序的正确度。加工程序必须完整而正确地描述整个加工过程，对操作者的机床调整能力和程序编制能力要求较高，而加工过程中，人的参与程度较低。利用数控加工技术可以完成很多以前不能完成的曲面零件的加工，而且加工的准确性和精度都可以得到很好的保证。总体上说，和传统的切削加工手段相比，数控加工技术具有以下特点：

1）加工效率高。传统机床的切削时间主要根据加工操作人员的技能、经验以及身体状况等，易于变化；CNC 机床加工则受计算机控制的影响，少量的手工工作仅限于工件的安装和装卸，相对于大批量的运行加工，这种非生产性的时间就显得微不足道了。CNC 机床的主要优点体现在重复性工作上，这样，生产进度和分配到每个机床上的工作就可以计算得很精确，既便于管理又能提高生产效率。

2）加工精度高。同传统的加工设备相比，数控系统优化了传动装置，提高了分辨率，减少了人为误差，因此加工的效率可以得到很大的提高。现在数控机床的精确性和重复性已成为数控技术的主要优势之一，零件程序一旦调试完成，可以存储在各种介质上，需要时调用即可，而且程序对机床的控制不会因操作人员的改变而变化，能极大地提高加工零件的精确性和一致性。

3）劳动强度低。由于采用了自动控制方式，也就是说加工的全部过程是由数控系统完成，不像传统切削加工手段那样烦琐，操作者在数控机床工作时，只需要监视设备的运行状态，所以劳动强度很低。

4）适应能力强。数控加工系统可以通过调整部分参数来修改或改变其运作方式，因此，其加工的范围得到了很大的扩展。零件在设计上如作局部修改，加工时只需对程序做相应的修改即可。

5）准备时间缩短。安装时间是非生产性时间，但它是必要的，是实际加工成本的一部分。任何机床车间的主管、编程人员、操作员都应把缩短安装时间作为考虑的因素之一。由于数控机床所用的是模块化夹具、标准刀具、固定的定位器、自动换刀装置、托盘以及其他辅助工具，使得数控机床的安装比普通机床更高效，从而大大缩短准备时间。

6）适合复杂零件的加工。数控机床能加工各种复杂的轮廓。在传统的切削加工中，对复杂的零件轮廓，通常采用仿形加工或专用机床加工，因此加工周期和加工成本都很高，而且适用的零件很有限。如果采用数控机床加工则不同，只要机床的控制系统具备曲线加工功能，即可完成外形复杂的轮廓加工，大大缩短加工周期和降低加工成本，适用范围很广。在数控技术应用的早期，大多数的数控机床都是为复杂轮廓的加工而产生的。

7）易于建立计算机通信网络，有利于生产管理。

8）设备初期投资大。

9）由于系统本身的复杂性，增加了维修的技术难度和维修费用。

五、典型数控系统

1. 日本 FANUC 系列数控系统

FANUC 公司生产的 CNC 产品主要有 FS3、FS6、FS0、FS10/11/12、FS15、FS16、FS18 和 FS21/210 等系列。目前，我国用户主要使用的有 FS0、FS15、FS16、FS18 和 FS21/210 等系列。

2. 德国西门子公司的 SINUMERIK 系列数控系统

SINUMERIK 系列数控系统主要有 SINUMERIK 3、SINUMERIK 8、SINUMERIK 810/820、SINUMERIK 850/880 和 SINUMERIK 840 等产品。

1）SINUMERIK 8 系列。该系列产品生产于 20 世纪 70 年代末。Sinumerik 8M/8ME/8ME-C、Sprint 8M/8ME/8ME-C 主要用于钻床、镗床和加工中心等机床。Sinumerik 8MC/8MCE/8MCE-C 主要用于大型镗铣床。Sinumerik 8T/Sprint 8T 主要用于车床。其中，Sprint 系列具有蓝图编程功能。

2）SINUMERIK 810/820 系列。该系列诞生于 20 世纪 80 年代中期。810/820 在体系结构和功能上相近。

3）SINUMERIK 840D 系列。该系列诞生于 1994 年，是新设计的全数字化数控系统，具有高度模块化及规范化的结构。它将 CNC 和驱动控制集成在一块电路板上，将闭环控制的全部硬件和软件集成在 $1cm^2$ 的空间中，便于操作、编程和监控。

4）SINUMERIK 810D 系列。该系列诞生于 1996 年，810D 是在 840D 基础上开发的新 CNC 系统。它第一次将 CNC 和驱动控制集成在一块电路板上，其 CNC 与驱动之间没有接口。810D 配备了功能强大的软件，提供了很多新的使用功能，如提前预测功能、坐标变换功能、固定点停止功能、刀具管理功能、样条插补功能、压缩功能和温度补偿功能等，极大地提高了其应用范围。

1998 年，在 810D 的基础上，西门子公司又推出了基于 810D 系统的现场编程软件 ManulTurn 和 ShopMill。前者适用于数控车床的现场编程，后者适用于数控铣床的现场编程。操作者无需专门的编程培训，使用传统操作机床的模式即可对数控机床进行操作和编程。

近几年来，西门子公司又推出了 SINUMERIK 802 系列 CNC 系统，有 802S、802C、802D 等型号。

3. 华中数控系统 HNC

HNC 是武汉华中数控研制开发的国产数控系统。它是我国 863 计划的科研成果在实践中应用的成功项目，已开发和应用的产品有 HNC-1 和 HNC-2000 两个系列，共计 16 种型号。

1）华中 1 型数控系统。该数控系统有 HNC-1M 铣床、加工中心数控系统，HNC-1T 车床数控系统，HNC-1Y 齿轮加工数控系统，HNC-1P 数字化仿形加工数控系统，HNC-1L 激光加工数控系统，HNC-1G 五轴联动工具磨床数控系统和 HNC-1FP 锻压、冲压加工数控系统，HNC-1ME 多功能小型数控铣系统，HNC-1TE 多功能小型数控车系统和 HNC-1S 高速珩缝机数控系统等。

2）华中 2000 型数控系统。HNC-2000 型是在 HNC-1 型数控系统的基础上开发的高档数控系统。该系统采用通用工业 PC，TFT 真彩液晶显示，具有多轴多通道控制功能和内装式 PC，可与多种伺服驱动单元配套使用，具有开放性好，结构紧凑，集成度高，性价比高和操作维护方便等优点。同样，它也有系列派生的数控系统 HNC-2000M、HNC-2000T、HNC-2000Y、HNC-2000L、HNC-2000G 等。

六、对刀点的作用与确定

对刀点是在数控机床上加工零件时，刀具相对于工件运动的起点。程序一般从该点开始执行，所以对刀点也称为程序起点或起刀点。

对于数控机床来说，在加工开始前，必须确定工件在机床上的位置，即确定工件坐标系与机床坐标系的相互位置关系。它可以理解为通过找正刀具与一个在工件坐标系中有确定位置的点（对刀点）来实现，即通过确认对刀点来实现。

对刀点可以设置在被加工零件上，也可以设置在夹具或机床上，但必须与工件的定位基准（相当于工件坐标系）有明确的关系，而当对刀精度要求较高时，对刀点应尽量选在零件的设计基准或工艺基准上，对于以孔定位的工件，常取孔的中心作为对刀点。

对刀点的选择原则如下：

1）对刀点应使程序编制简单。

2）对刀点应选择在容易找正、便于确定零件加工原点的位置。

3）对刀点应选在加工时检验方便、可靠的位置。

4）对刀点的选择应有利于提高加工精度。

对刀时直接或间接地使对刀点和刀位点重合。所谓刀位点，是指编制数控加工程序时用于确定刀具位置的基准点。一般来说，立铣刀、面铣刀的刀位点是刀具轴线与刀具底面的交点；球头铣刀的刀位点为球心；镗刀、车刀的刀位点为刀尖或刀尖圆弧中心；钻头是钻尖或钻头底面中心；线切割的刀位点则是线电极的轴线与零件面的交点。

对刀操作就是要测定程序起点处刀具刀位点（即对刀点，也称起刀点）相对于机床原点以及工件原点的坐标位置。数控机床对刀时常采用千分表、对刀测头或对刀瞄准仪进行找正对刀，具有很高的对刀精度。对有原点预置功能的 CNC 系统，设定好后，数控系统即将原点坐标存储起来。即使不小心移动了刀具的位置，也可很方便地令其返回到对刀点。有的还可分别对刀后，一次预置多个原点，调用相应部位的零件加工程序时，其原点自动变换。在编程时，应正确地选择对刀点的位置。

七、换刀点的作用与确定

换刀点是指刀架转位换刀时的位置。换刀点是为加工中心、数控车床等采用多种刀具进行加工的机床而设置的，这些机床在加工过程中可能因为加工内容的变化需要更换刀具，应设置合理的换刀点。换刀点往往设在工件的外部，并留有一定的安全量，以防换刀时碰伤零件、刀具、夹具或其他部件。例如，在铣床上，常以机床参考点为换刀点；在加工中心上，以换刀机械手的固定位置点为换刀点；在车床上，则以刀架远离工件的行程极限点为换刀点。选取的这些点，都是安全、便于计算的相对固定点。

八、切削用量的选择

数控机床加工的切削用量包括背吃刀量、进给量和切削速度（或主轴转速），其选用原则与普通机床基本相似，合理选择切削用量的原则是：粗加工时，以提高劳动生产率为主，选用较大的切削用量；半精加工和精加工时，选用较小的切削用量，保证工件的加工质量。

1. 背吃刀量

背吃刀量应根据加工余量确定。

在粗加工时，在机床功率和工艺系统刚度允许的条件下，背吃刀量尽可能取大些，一次进给切除全部加工余量。

下列情况可分几次进给：

1）加工余量太大，一次进给切削力太大，会产生机床功率不足或工艺系统刚度不足时。

2）工艺系统刚性不足或加工余量极不均匀，引起很大振动时，如加工细长轴或薄壁工件。

3）断续切削，刀具受到很大的冲击而造成打刀时。

在上述情况下，如分多次进给，第一次进给的也应较大。一般情况是根据最后的加工要求，先留出半精加工和精加工的余量后，视情况确定进给次数和背吃刀量。通常在半精加工时为 0.5～2mm，在精加工时为 0.1～0.4mm。

切削表层有硬皮的铸锻件或切削不锈钢等冷硬较严重的材料时，应尽量使背吃刀量超过硬皮或冷硬层厚度，以防切削刃过早磨损或破损。

2. 进给量

粗加工时，对工件表面质量没有太高要求，这时切削力往往很大，合理的进给量应是工艺系统所能承受的最大进给量。这一进给量要受机床进给机构的强度、车刀刀杆的强度和刚度、刀片的强度及工件的装夹刚度等条件的限制。表 1-1 是硬质合金及高速钢车刀粗车外圆和端面时的进给量，表 1-2 是按表面粗糙度选择进给量的参考。

精加工时，最大进给量主要受加工精度和表面粗糙度的限制。

表 1-1 硬质合金及高速钢车刀粗车外圆和端面时的进给量

加工材料	车刀刀杆尺寸 $B\times H$ /（mm×mm）	工件直径 /mm	背吃刀量 a_p/mm				
			≤3	>3~5	>5~8	>8~12	>12
			进给量 f/（mm/r）				
碳素结构钢和合金结构钢	16×25	20	0.3~0.4	—	—	—	—
		40	0.4~0.5	0.3~0.4	—	—	—
		60	0.5~0.7	0.4~0.6	0.3~0.5	—	—
		100	0.6~0.9	0.5~0.7	0.5~0.7	0.4~0.5	—
		400	0.8~1.2	0.7~1.0	0.6~0.8	0.5~0.6	—
	20×30 25×25	20	0.3~0.4	—	—	—	—
		40	0.4~0.5	0.3~0.4	—	—	—
		60	0.6~0.7	0.5~0.7	0.4~0.6	—	—
		100	0.8~1.0	0.7~0.9	0.5~0.7	0.4~0.7	—
		600	1.2~1.4	1.0~1.2	0.8~1.0	0.6~0.9	0.4~0.6
铸铁及铜合金	16×25	40	0.4~0.5	—	—	—	—
		60	0.6~0.8	0.5~0.8	0.4~0.6	—	—
		100	0.8~1.2	0.7~1.0	0.6~0.8	0.5~0.7	—
		400	1.0~1.4	1.0~1.2	0.8~1.0	0.6~0.8	—
	20×30 25×25	40	0.4~0.5	—	—	—	—
		60	0.6~0.9	0.5~0.8	0.4~0.7	—	—
		100	0.9~1.3	0.8~1.2	0.7~1.0	0.5~0.8	—
		600	1.2~1.8	1.2~1.6	1.0~1.3	0.9~1.1	0.7~0.9

表 1-2 按表面粗糙度选择进给量

工件材料	表面粗糙度 /μm	切削速度范围 /（m/min）	刀尖圆弧半径 r_a/mm		
			0.5	1.0	2.0
			进给量 f/（mm/r）		
铸铁、青铜、铝合金	Ra5~10	不限	0.25~0.40	0.40~0.50	0.50~0.60
	Ra2.5~5		0.15~0.20	0.25~0.40	0.40~0.60
	Ra1.25~2.5		0.10~0.15	0.15~0.20	0.20~0.35
碳钢及合金钢	Ra5~10	>50	0.30~0.50	0.45~0.60	0.55~0.70
		>50	0.40~0.55	0.55~0.65	0.65~0.70
	Ra2.5~5	<50	0.18~0.25	0.25~0.30	0.30~0.40
		<50	0.25~0.30	0.30~0.35	0.35~0.50
	Ra1.25~2.5	<50	0.10	0.11~0.15	0.15~0.22
		50~100	0.11~0.16	0.16~0.25	0.25~0.35
		>100	0.16~0.20	0.20~0.25	0.25~0.35

然而，按经验确定的粗车进给量在一些特殊情况下，如切削力很大、工件长径比很大、刀杆伸出长度很大时，有时还需对选定的进给量进行校验。

3. 切削速度

根据已选定的背吃刀量、进给量及刀具使用寿命 T，按下列公式计算切削速度和机床转速，即

$$v_c = \frac{C_v}{T^m \cdot a_p^{x_v} \cdot f^{y_v}} \times K_v$$

式中 v_c——切削速度（m/min）；

T——刀具使用寿命（m/min）；

m——刀具使用寿命指数；

C_v——切削速度系数；

x_v——背吃刀量对 v_c 影响的指数；

y_v——进给量对 v_c 影响的指数；

K_v——切削速度修正系数。

常用 C_v、x_v、y_v、K_v 的值见表 1-3。

表 1-3 车削外圆时切削速度公式中的常用系数和指数

工件材料	刀具材料	进给量 f/（mm/r）	C_v	x_v	y_v	m
碳素结构钢 σ_b = 0.65GPa	P10（不用切削液）	≤0.30	291	0.15	0.20	0.20
		>0.30～0.70	242		0.35	
		0.70	235		0.45	
	W18Cr4V、W6Mo5Cr4V2（用切削液）	0.25	67.2	0.25	0.33	0.125
		>0.25	43		0.66	
灰铸铁 190HBW	K20（不用切削液）	≤0.40	189.8	0.15	0.20	0.20
		>0.40	158		0.40	

切削速度确定后，可计算机床转速 n，即

$$n = \frac{1000 v_c}{\pi d_w}$$

式中 n——工件转速（r/min）；

d_w——工件待加工表面直径（mm）。

根据机床说明书选相近的机床转速 n，然后根据选择的机床转速 n，算出实际切削速度 v_c。

通过 v_c 的参考值可以看出，粗车时，a_p、f 均较大，所以 v_c 较低；精加工时，a_p、f 均较小，所以 v_c 较高；工件材料强度、硬度较高时，应选较低的 v_c。材料加工性越差，v_c 越低；刀具材料的切削性能越好，v_c 越高。此外，在选择 v_c 时，还应考虑精加工时，应尽量避免积屑瘤和鳞刺产生的区域；断续切削时，为减小冲击和热应力，宜适当降低 v_c；在易发生振动的情况下，v_c 应避开自激振动的临界速度；加工大件、细长件、薄壁件以及带硬皮的工件时，应选用较低的 v_c。

九、对刀

1. 对刀的目的及意义

对刀的目的主要是为了建立工件坐标系和确定刀具长度偏差。数控车床对刀的精度直接关系到零件的精度，所以数控车床的对刀是加工前必需的准备工作，且要求对刀精确、快捷。

一般来讲，数控机床有机床坐标系和工件坐标系。机床坐标系的原点是生产厂家在制造机床时确定的固定坐标系原点，也称机床零点，它是在机床装配、调试时已经确定下来的，是机床加工的基准点。工件坐标系是加工程序使用的坐标系。

在机床中还设有一个固定的参考点。这个参考点的作用主要是用来给机床本身一个定位。一般每次开机的第一步操作就是回参考点，从而建立起了机床坐标系，以后刀具运动到任何位置，在机床坐标系中的位置均可显示出来。

机床坐标系是机床的基准，所以必须要弄清楚工件原点在机床坐标系中的位置，除此之外，数控车床的刀架相关点是确定刀具长度偏差的基准。各点的位置及关系如图 1-4 所示。

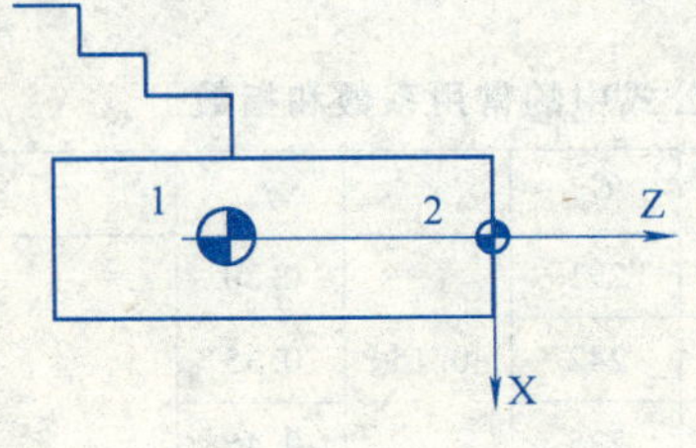

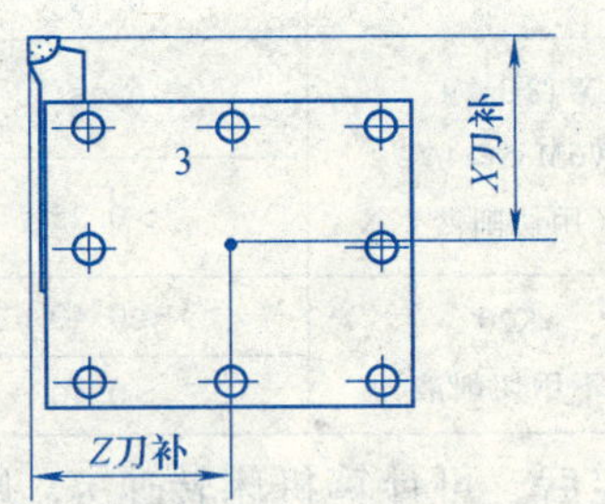

图 1-4 各点的位置及关系

1—机床原点 2—工件原点 3—刀架相关点 4—参考点

2. 对刀方法

常用的对刀方法有以下几种：

（1）试切对刀 如图 1-5 所示，将工件安装好之后，先用手动方式操作机床，用已经选好的刀具将工件右端面车一刀，然后保持刀具在纵向（Z 轴）的尺寸不变，沿横向（X 轴）退刀。当取工件右端面为工件原点时，对刀输入右端面的 Z 轴坐标 z_0；当取工件左端面为工件原点时，则须测量工件的长度尺寸 δ 并输入 $z_0-\delta$，如图 1-5a 所示。用同样的方法，再将工件的外圆表面车一刀，然后保持刀具在横向（X 轴）的尺寸不变，沿纵向（Z 轴）退刀，停止主轴，测量车削后的直径 ϕ，如图 1-5b 所示。根据 δ 和 ϕ 值，即可确定刀具在工件坐标系中的位置。其余各刀都需要进行以上相同的操作，从而确定每一把刀具在工件坐标系中的位置。

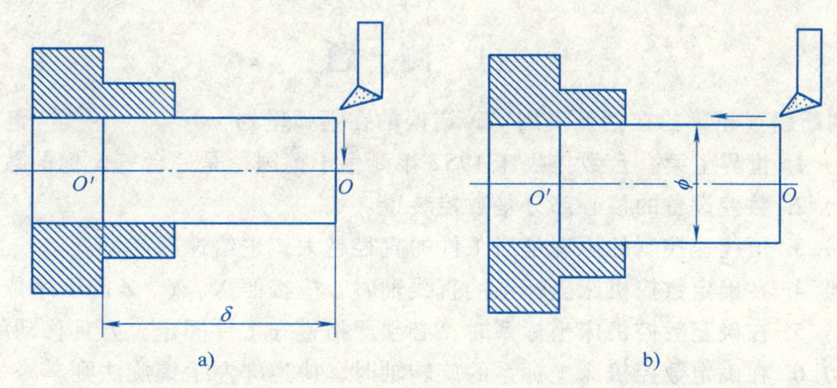

图 1-5　试切对刀

（2）机外对刀仪对刀　机外对刀的本质是测量出刀具假想刀尖点到刀具基准点之间在 X 向及 Z 向的距离，即刀具在 X 向及 Z 向的长度。利用机外对刀仪对刀可将刀具预先在机床外对好，以便装上机床即可使用。

（3）自动对刀　自动对刀又称刀具检测功能，它是利用数控系统自动、精确地测量出刀具在两个坐标方向上的长度，并自动修正刀具补偿值，然后直接开始加工零件。自动对刀是通过刀尖检测系统实现的，如图 1-6 所示，刀尖随刀架上已经设定了位置的接触式传感器缓缓行进并与之接触，直到内部电路接通后发出电信号，数控系统立即记下该瞬时的坐标值，接着将此值与设定值比较，并自动修正刀具补偿值。

（4）ATC 对刀　ATC 对刀是在机床上利用对刀显微镜自动计算出车刀长度而实现对刀的简称。对刀镜与支架在不用时可取下，需要对刀时才装到主轴箱上。对刀时，用手动方式将刀尖移到对刀镜的视野内，再用手动脉冲发生器微量移动使假想刀尖点与对刀镜内的中心点重合，如图 1-7 所示，再将光标移到相应刀具补偿号，按 自动计算（对刀） 按键，这把刀具在两个方向的长度就被自动计算出来，并自动存入它的刀具补偿号中。

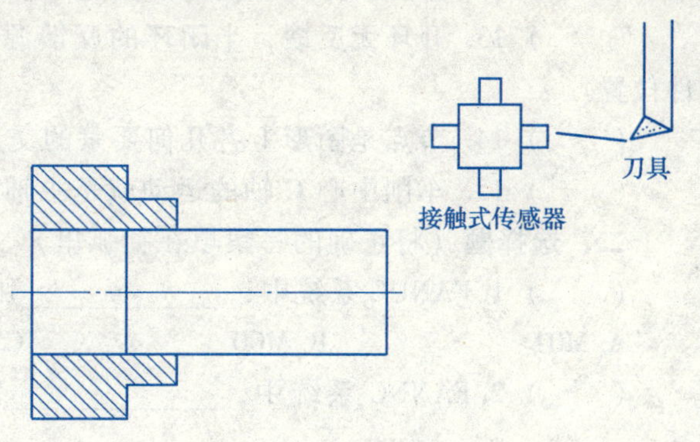

图 1-6　自动对刀

a)

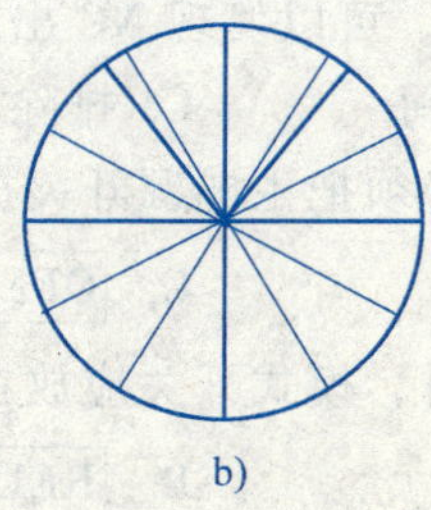

b)

c)

图 1-7　ATC 对刀

自 测 题

一、判断题（正确的在括弧里划√，错误的在括弧里划 ×）

(　　) 1. 世界上第一台数控机床 1952 年诞生于德国，是一台三坐标的数控铣床。

(　　) 2. 数控设备的核心部分是数控装置。

(　　) 3. 恒线速控制的原理是当工件的直径越大，进给速度越慢。

(　　) 4. 在确定数控机床坐标系的直线轴时，应按照 X、Y、Z 的顺序依次确定。

(　　) 5. 在确定数控机床坐标系时，必须严格遵守工件固定，刀具移动的准则。

(　　) 6. 在确定数控机床坐标系的旋转轴时，应遵守左手螺旋法则。

(　　) 7. 数控机床坐标系的坐标原点是由系统生产厂家确定的，一般不允许用户随意改动。

(　　) 8. 数控加工中工件原点理论上可以任意选择，但在实际加工中一般由编程人员根据具体情况合理选取。

(　　) 9. 数控加工开始之前，一般需要先进行回参考点的操作，其目的是建立机械坐标系。

(　　) 10. 数控加工程序编制好后就可以立即用于生产加工。

(　　) 11. 基点是逼近线段与被加工曲线的交点或切点。

(　　) 12. 数控机床 Z 轴的正方向是刀具远离工件的方向。

(　　) 13. 开环无反馈，半闭环的反馈源在丝杠位置，闭环的反馈源在最终执行元件位置。

(　　) 14. 节点是图形上各几何要素的交点。

(　　) 15. 车削中心 C 轴的运动就是主轴的主运动。

二、选择题（将正确的答案填在括弧里）

(　　) 1. FANUC 系统中，__________用于程序全部结束，切断机床所有动作。

A. M01　　B. M00　　C. M02　　D. M30

(　　) 2. FANUC 系统中，__________表示从尾座方向看，主轴以逆时针方向旋转。

A. M04　　B. M01　　C. M03　　D. M05

(　　) 3. FANUC 系统中，__________指令是切削液停指令。

A. M08　　B. M02　　C. M09　　D. M06

(　　) 4. 检查屏幕上 ALARM，可以发现 NC 出现故障的__________。

A. 报警内容　　B. 报警时间　　C. 排除方法　　D. 注意事项

(　　) 5. 数控机床使用时，必须把主电源开关扳到__________位置。

A. IN　　B. ON　　C. OFF　　D. OUT

(　　) 6. 数控机床手动进给时，模式开关应放在__________。

A. JOG FEED　　B. RELEASE

C. ZERO RETURN　　D. HANDLE FEED

(　　) 7. 数控机床快速进给时，模式选择开关应放在＿＿＿＿＿＿。

A. JOG FEED　　B. RELEASE

C. ZERO RETURN　　D. HANDLE FEED

(　　) 8. 数控机床回零时模式选择开关应放在＿＿＿＿＿＿。

A. JOG FEED　　B. MDI

C. ZERO RETURN　　D. HANDLE FEED

(　　) 9. 数控机床＿＿＿＿＿＿时，模式选择开关应放在 MDI 。

A. 快速进给　　B. 手动数据输入　　C. 回零　　D. 手动进给

(　　) 10. 数控机床自动状态时模式选择开关应放在＿＿＿＿＿＿。

A. AUTO　　B. PRGRM

C. ZERO RETURN　　D. HANDLE FEED

(　　) 11. 数控机床编辑状态时模式选择开关应放在＿＿＿＿＿＿。

A. JOG FEED　　B. PRGRM

C. ZERO RETURN　　D. EDIT

(　　) 12. 数控机床回零时，要＿＿＿＿＿＿。

A. X 轴、Z 轴可同时回零　　B. 先刀架回零

C. 先 Z 轴回零，后 X 轴回零　　D. 先 X 回零，后 Z 轴回零

(　　) 13. 数控机床的＿＿＿＿＿＿开关的英文是 RAPID TRAVERSE。

A. 进给速率控制　　B. 主轴转速控制

C. 快速进给速率选择　　D. 手轮速度

(　　) 14. 当数控机床的手动脉冲发生器的选择开关位置在 ×100 时，手轮的进给单位是＿＿＿＿＿＿。

A. 0.1mm/格　　B. 0.001mm/格　　C. 0.01mm/格　　D. 1mm/格

(　　) 15. 数控机床的程序保护开关的作用是＿＿＿＿＿＿。

A. 保护程序　　B. 防止超程　　C. 防止出废品　　D. 防止误操作

(　　) 16. 数控机床的条件信息指示灯＿＿＿＿＿＿亮时，说明按下急停按钮。

A. EMERGENCY STOP　　B. ERROR

C. START CONDITION　　D. MILLING

(　　) 17. 数控机床的单段执行开关扳到 SINGLE BLOCK 时，＿＿＿＿＿＿程序执行。

A. 单段　　B. 连续　　C. 选择　　D. 不能判断

(　　) 18. 数控机床的机床锁定开关是＿＿＿＿＿＿。

A. SINGLE BLOCK　　B. MACHINE LOCK

C. DRYRUN　　D. POSITION

(　　) 19. 在确定坐标系时，考虑刀具与工件之间运动关系，应采用＿＿＿＿＿＿原则。

A. 假设刀具运动，工件静止　　B. 假设工件运动，刀具静止

C. 看具体情况而定　　D. 假设刀具、工件都不动

(　　) 20. 按数控系统的控制方式分类，数控机床分为开环控制数控机床、＿＿＿＿＿＿、闭环控制数控机床。

A. 点位控制数控机床　　B. 点位直线控制数控机床

C. 半闭环控制数控机床　　D. 轮廓控制数控机床。

(　　) 21. 世界上第一台数控机床是＿＿＿＿＿＿年研制出来的。

A. 1930　　B. 1947　　C. 1952　　D. 1958

(　　) 22. 数控系统发展经历以下几个阶段，按照时间先后顺序是＿＿＿＿＿＿。

A. 晶体管数控、电子管数控、小型计算机数控、集成电路数控、微机数控

B. 电子管数控、晶体管数控、集成电路数控、小型计算机数控、微机数控

C. 电子管数控、晶体管数控、集成电路数控、微机数控、小型计算机数控

D. 晶体管数控、电子管数控、集成电路数控、小型计算机数控、微机数控

三、名词解释

1. 数控技术

2. 数控设备

3. 绝对值编程

4. 增量值编程

四、简答题

1. 简要分析比较传统切削加工和数控加工的异同点。

2. 数控设备主要组成部分有哪些？各部分的功用是什么？

3. 什么是机床原点、工件原点？各有何作用？

4. 数控编程中常用的程序字有哪些？它们的作用是什么？

5. 简要说明数控机床坐标轴的确定原则。

6. 简要说明数控车床的机械原点和参考点之间的关系。

7. 对刀点、换刀点指的是什么？一般应如何设置？常用刀具的刀位点怎么规定？

技能训练

加工图示零件。

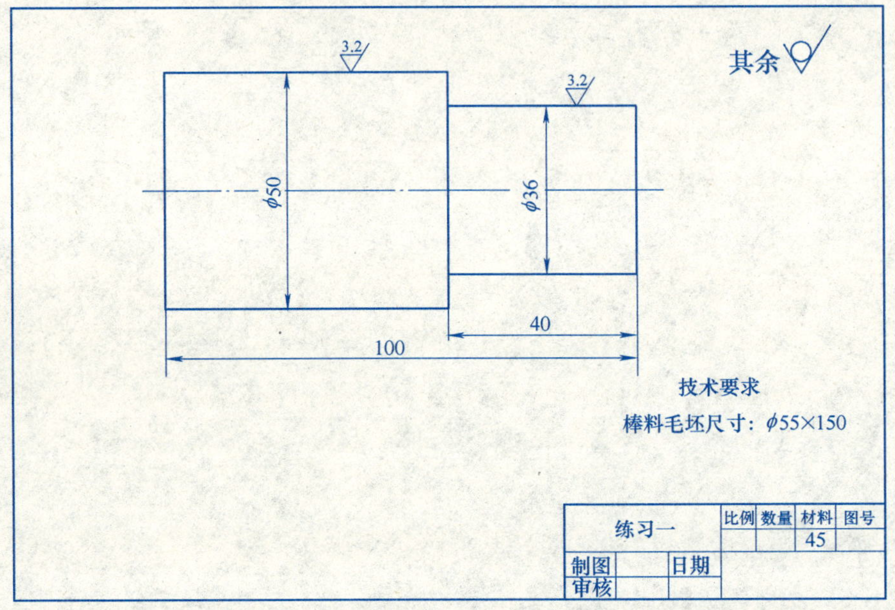

1. 加工路线

2. 程序清单

实训分析		
项目	是	否及原因
是否能正确进行开机准备?		
是否能熟练输入、编辑程序?		
程序是否正确?		
是否能正确选择机床和系统?		
是否能正确选择、安装刀具?		
是否能正确根据零件选择、安装毛坯?		
参数设置是否正确?		
对刀是否正确?		
加工过程中有无碰撞?		
是否能正确快速测量加工后的零件?		
零件是否合格?		

学习总结

在本课题中的收获（已经学会的）

在本课题中还存在的问题（没有学懂，而希望老师指导的）

本课题的学习自评等级（优、良、中、差）		学生签名	

教师评价

总成绩		教师签名	

课题二

数控车削加工圆锥表面

<table>
<tr><th colspan="2">授课计划</th></tr>
<tr><td>数控加工技术基础</td><td>总学时：48</td></tr>
<tr><td>数控车削加工圆锥表面</td><td>学时：8</td></tr>
<tr><td colspan="2">学习目标
1. 了解圆锥体零件数控加工的工艺处理和误差控制。
2. 熟悉圆锥体零件数控加工程序的编制方法和技巧。
3. 能编制圆锥体零件数控加工程序。</td></tr>
</table>

补充阅读材料

一、数控加工对夹具的基本要求

数控加工时一般不要求很复杂的夹具，只要求有简单的定位、夹紧机构就可以了，其设计原理也与通用机床夹具相同。结合数控加工的特点，这里只提出几点基本要求：

1）夹具应能保证在机床上实现定向安装，以保持零件安装方向与机床坐标系及编程坐标系方向的一致性；还要求能协调零件定位面与机床坐标系之间保持一定的坐标尺寸联系。这是数控加工的特点决定的，也是数控夹具最基本的一点。

2）夹具要做得尽可能开敞，夹紧机构元件与加工面之间应保持一定的安全距离，以保持工件在本工序中所有需要完成的待加工面充分暴露在外，同时要求夹紧机构元件位置、形状尺寸要适当，以防止在加工过程中夹具与机床运动部件发生碰撞。

3）夹具的刚性与稳定性要好。而且尽量不采用在加工过程中更换夹紧点的设计，当非要在加工过程中更换夹紧点不可时，要特别注意不能因更换夹紧点而破坏夹具或工件定位精度。

4）夹具的结构力求简单，操作方便，零件的装卸要快速、方便、可靠，以缩短机床的停顿时间。

5）数控机床夹具应该有利于加工工序内容的集中，即可使工件一次装夹后，能进行多个表面的加工，减少工件的装夹次数，提高加工效率。

6）数控机床夹具还应该便于对刀。

二、常用夹具种类

1. 通用夹具

在车床上安装工件所用的附件有三爪自定心卡盘、四爪卡盘、顶尖、花盘、心轴、中心架和跟刀架等。安装工件的主要要求是位置准确、装夹牢固。

（1）三爪自定心卡盘　如图 2-1a 所示，三爪自定心卡盘由小锥齿轮（3 个）、大锥齿轮（1 个）、卡爪（3 个）和卡盘体组成。

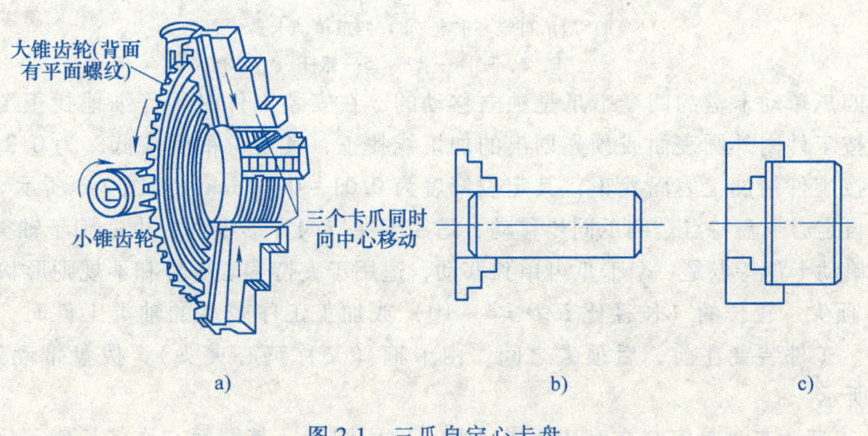

图 2-1　三爪自定心卡盘

a）结构　b）夹持棒料　c）反爪夹持大棒料

三爪自定心卡盘适用于安装短圆棒料或盘类（直径较大的盘状工件中，可用反爪夹持）工件，如图 2-1b、c 所示。当转动小锥齿轮时，大锥齿轮便转动，它背面的平面螺纹就使三个卡爪同时向中心靠近或退出，以夹紧不同直径的工件。三爪自定心卡盘装夹方便，能自动定心，但其定心准确度不高，为 0.05 ~ 0.15mm。工件上同轴度要求较高的表面应在一次装夹中车出。

（2）四爪卡盘　常见的四爪卡盘有两种，即四爪自定心卡盘和四爪单动卡盘。

四爪自定心卡盘全称是机床用手动四爪自定心卡盘，它由一个盘丝，四个小锥齿轮，一副卡爪组成，如图 2-2a 所示。四个小锥齿轮和盘丝啮合，盘丝的背面有平面螺纹结构，卡爪等分安装在平面螺纹上。当用扳手扳动小锥齿轮时，盘丝便转动，它背面的平面螺纹就使卡爪同时向中心靠近或退出。因为盘丝上的平面矩形螺纹的螺距相等，所以四爪运动距离相等，有自动定心的作用。

四爪单动卡盘全称是机床用手动四爪单动卡盘，它由一个盘体，四个螺杆，一副卡爪组成的，如图 2-2b 所示。工作时是用四个螺杆分别带动四爪，因此常见的四爪单动卡盘没有自动定心的作用。但可以通过调整四爪位置，装夹各种矩形的、不规则的工件，每个卡爪都可单独运动。

a)

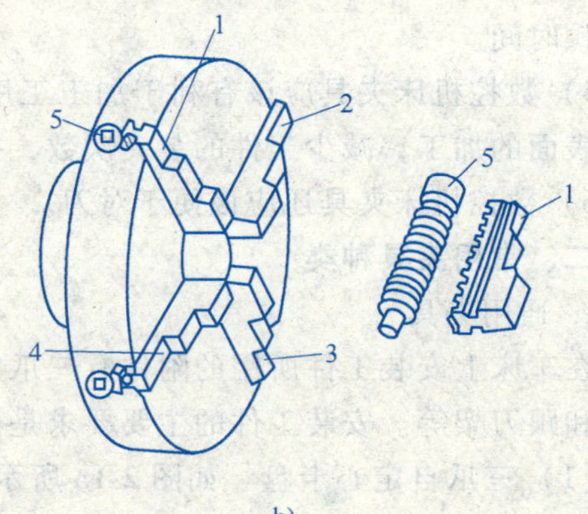

b)

图 2-2　四爪卡盘

a）四爪自定心卡盘　b）四爪单动卡盘

1、2、3、4—卡爪　5—螺杆

由于四爪单动卡盘的四个卡爪是独立移动的，在安装工件时须仔细地找正工件。一般用划线盘按工件内外圆表面或预先划出的加工线找正，其定位精度较低，为 0.2 ~ 0.5mm。用百分表按工件精加工表面找正，其定位精度为 0.01 ~ 0.02mm，如图 2-3 所示。

四爪自定心卡盘特点是四爪同步移动，适用于夹持四方形零件，也适用于轴类、盘类零件；四爪单动卡盘特点是一个卡爪可单独移动，适用于夹持偏心零件和不规则形状零件。

（3）顶尖　较长的（长径比 $L/D = 4 \sim 10$）或加工工序较多的轴类工件时，常采用两顶尖安装。工件装夹在前、后顶尖之间，由卡箍（又称鸡心夹头）、拨盘带动工件旋转，如图 2-4 所示。

（4）花盘　花盘是安装在车床主轴上的一个大圆盘，其端面有许多长槽，用以穿放螺栓，压紧工件。花盘的端面需平整，且应与主轴中心线垂直。

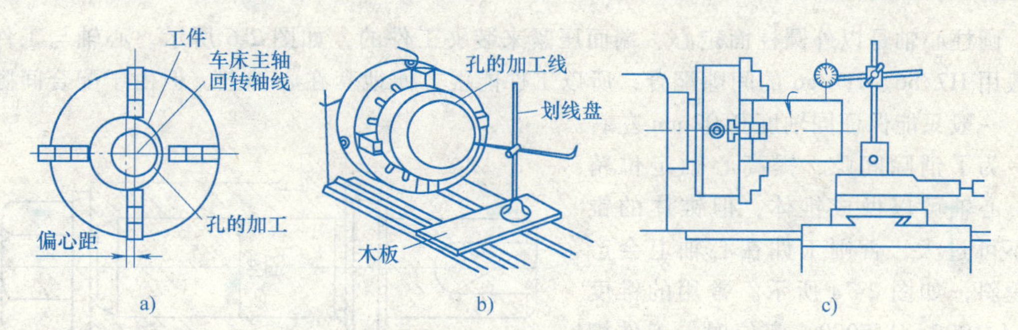

图 2-3　四爪单动卡盘安装工件时找正

a）四爪单动卡盘装夹工件　b）用划线盘找正　c）用百分表找正

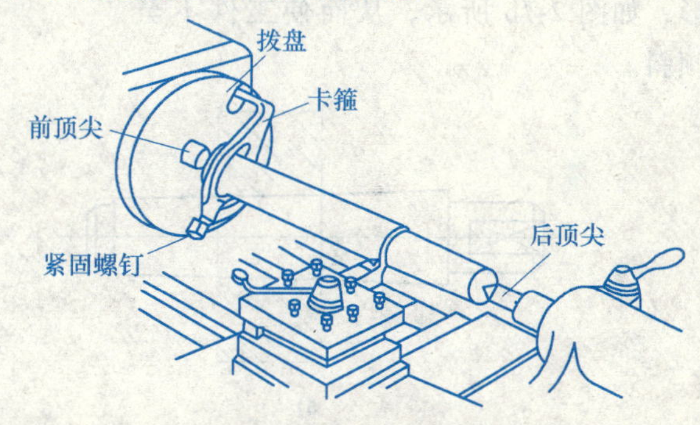

图 2-4　顶尖安装工件

花盘适用于不能用卡盘装夹的形状不规则或大而薄的工件。当零件上需加工的平面相对于安装平面有平行度要求或加工的孔和外圆的轴线相对于安装平面有垂直度要求时，则可以把工件用压板、螺栓安装在花盘上加工。当零件上需加工的平面相对于安装平面有垂直度要求或需加工的孔和外圆的轴线相对于安装平面有平行度要求时，则可以用花盘、角铁（弯板）安装工件。角铁要有一定的刚度，用于贴靠花盘及安放工件的两个平面，应有较高的垂直度，如图 2-5a 所示。

当使用花盘安装工件时，往往重心偏向一边，因此需要在另一边安装平衡块，以减小旋转时的离心力，并且主轴的转速应选得低一些，如图 2-5b 所示。

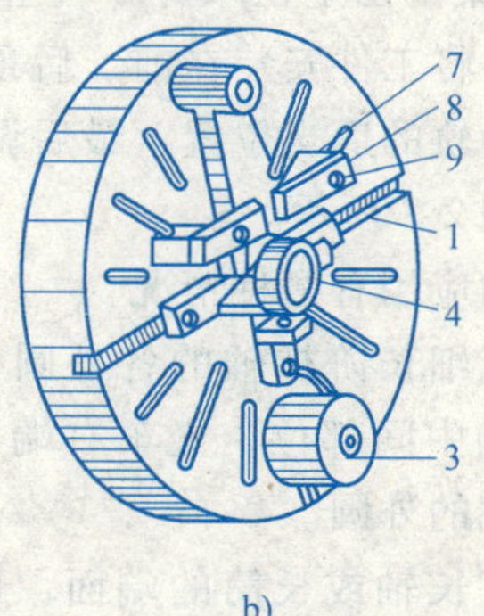

图 2-5　花盘安装工件

a）在花盘上用弯板安装零件　b）在花盘上安装平衡块

1—螺栓槽　2—花盘　3—平衡铁　4—工件　5—安装基面　6—弯板

7—垫铁　8—压板　9—螺栓

（5）心轴　当以内孔为定位基准，并能保证外圆轴线和内孔轴线的同轴度要求，此时用心轴定位，工件以圆柱孔定位常用圆柱心轴和小锥度心轴；对于带有锥孔、螺纹孔、花键孔的工件定位，常用相应的锥体心轴、螺纹心轴和花键心轴。

圆柱心轴是以外圆柱面定心、端面压紧来装夹工件的，如图 2-6 所示。心轴与工件孔一般用 H7/h6、H7/g6 的间隙配合，所以工件能很方便地套在心轴上。但由于配合间隙较大，一般只能保证同轴度 0.02mm 左右。

为了消除间隙，提高心轴定位精度，心轴可以做成锥体，但锥体的锥度不可过大，否则工件在心轴上会产生歪斜，如图 2-7a 所示。常用的锥度 $C=1/1000\sim1/5000$。定位时，工件楔紧在心轴上，楔紧后孔会产生弹性变形，如图 2-7b 所示，从而使工件不至倾斜。

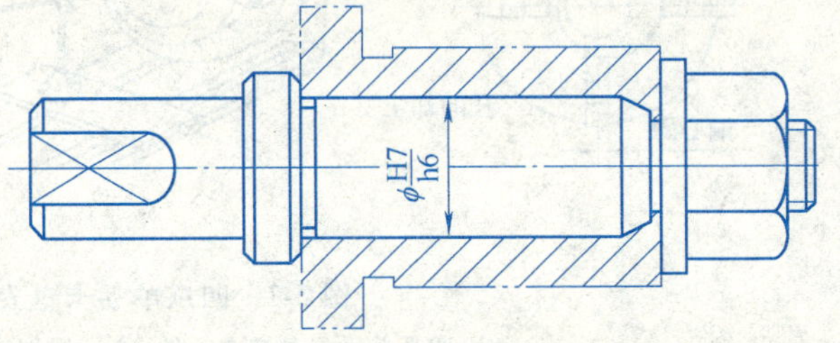

图 2-6　在圆柱心轴上定位

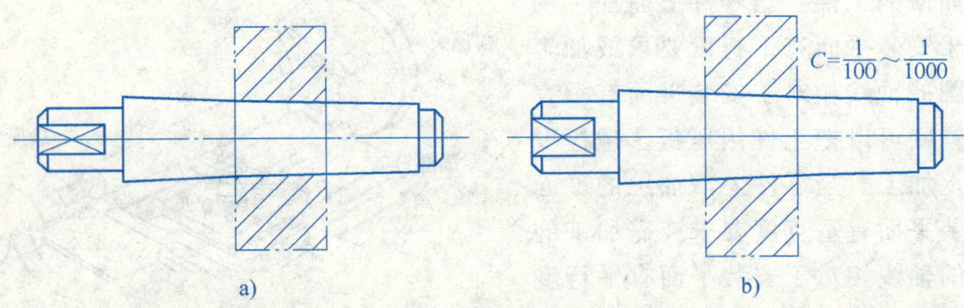

图 2-7　圆锥心轴安装工件的接触情况

a）锥度太大　b）锥度合适

（6）中心架和跟刀架　加工细长轴（长径比 $L/D>15$）时，为了防止工件受径向切削力的作用而产生弯曲变形，常用中心架或跟刀架作为辅助支承，以增加工件刚性。

1）中心架。固定在床身导轨上使用，有三个独立移动的支承爪，并可用紧固螺钉固定。使用时，将工件安装在前、后顶尖上，先在工件支承部位精车一段光滑表面，再将中心架固紧于导轨的适当位置，最后调整三个支承爪，使之与工件支承面接触，并调整至松紧适宜，如图 2-8 所示。

中心架的应用有两种情况：

① 加工细长阶梯轴的各外圆，一般将中心架支承在轴的中间部位，先车右端各外圆，调头后再车另一端的外圆。

② 加工长轴或长筒的端面，以及端部的孔和螺纹等，可用卡盘夹持工件左端，用中心架支承右端。

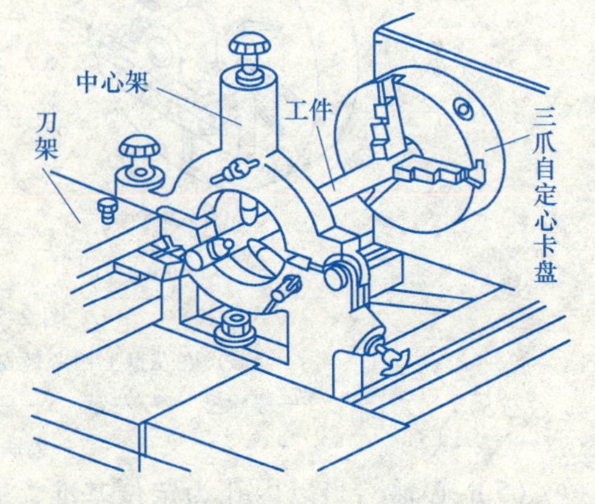

图 2-8　用中心架支承车削细长轴

2）跟刀架。固定在床鞍侧面上，随刀架纵向运动。跟刀架有两个支承爪，紧跟在车刀后面起辅助支承作用。因此，跟刀架主要用于细长光轴的加工。使用跟刀架需先在工件右端车削一段外圆，根据外圆调整两支承爪的位置和松紧，然后即可车削光轴的全长，如图 2-9 所示。

使用中心架和跟刀架时，工件转速不宜过高，并需对支承爪润滑。

用棒料直接加工零件时需要采用弹簧夹头卡盘，如图 2-10 所示。

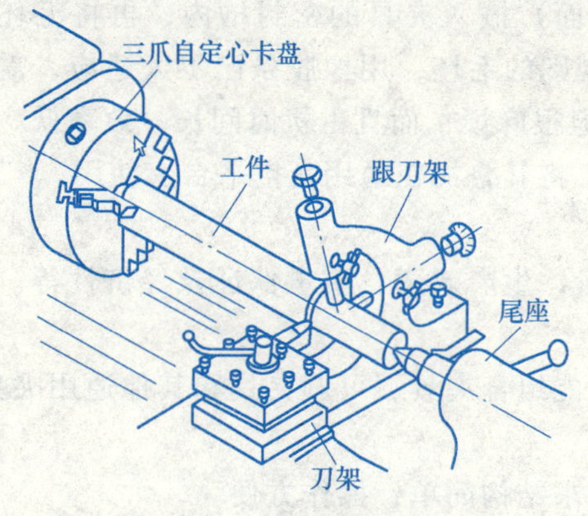

图 2-9 跟刀架支撑长轴

图 2-10 弹簧夹头卡盘

2. 组合夹具

组合夹具是由一套结构已经标准化，尺寸已经格式化的通用元件、组合元件所构成。可以根据工件的加工要求组成各种功能的夹具。

3. 专用夹具

专用夹具是特别为某一项或类似的几项工件设计制造的夹具，具有结构合理，刚性强，装夹稳定可靠，操作方便，能提高安装精度和装夹速度等优点。选用这种夹具，一批工件加工后尺寸比较稳定，互换性也较好，可大大提高生产率。但是专用夹具所固有的只能为一种零件的加工所专用的狭隘性，是和产品品种不断变更的形式不相适应的，特别是专用夹具的设计和制造周期较长，花费的劳动量较大，加工简单零件显然是不经济的。一般在批量生产或精度要求较高时采用。专用夹具中的夹紧机构一般采用气动或液压夹紧机构，能减轻操作者的劳动强度，提高生产率。

4. 可调夹具

可调夹具是组合夹具和专用夹具的结合。可调夹具能有效地克服组合夹具和专用夹具的不足，既能满足加工精度的要求，又有一定的柔性。可调夹具与组合夹具主要不同之处是它具有一系列整体刚性好的夹具体，在夹具上设置了具有定位、夹紧等多功能的 T 形槽及台阶式光孔、螺孔，配制有多种夹压、定位元件。

5. 多工位夹具

多工位夹具可以同时装夹多个工件，可减少换刀次数，也便于一面加工，一面装卸工件，有利于缩短准备时间，提高生产率，较适用于中批量生产。

6. 气动或液压夹具

气动或液压夹具适用于生产批量较大，采用其他夹具又特别费工、费力的工件。它能减轻操作者的劳动强度，提高生产率，但此类夹具结构较复杂，造价往往较高，而且制造周期较长。

7. 真空夹具

真空夹具适用于有较大定位平面或具有较大可密封面积的工件。有的数控铣床（如壁板铣床）自身带有通用真空平台，在安装工件时，对形状规则的矩形毛坯，可直接用特制的橡胶条（有一定尺寸要求的空心或实心圆形截面）嵌入夹具的密封槽内，再将毛坯放上，开动真空泵，就可以将毛坯夹紧。对形状不规则的毛坯，用橡胶条已不太适应，需在其周围抹上腻子（常用橡皮泥）密封，这样做不但很麻烦，而且占机时间长，效率低。为了克服这种困难，可以采用特制的过渡真空平台，将其叠加在通用真空平台上使用。

三、数控夹具的选用原则

在选用夹具时，通常需要考虑产品的生产批量，生产效率，质量保证及经济性等。选用时可参照下列原则：

1）在单件小批量生产或研制时，优先选用万能组合夹具、可调夹具和其他通用夹具，以缩短生产准备时间和降低生产成本。

2）成批生产时可考虑采用专用夹具，但应力求结构简单，操作方便。

3）为提高数控加工的效率，在生产批量较大时可考虑采用多工位夹具和气动、液压夹具。

四、刀具及其选择

在数控加工中，大多数刀具与普通加工中所用的刀具基本相同，但对一些工艺难度较大或其轮廓、形状等方面较特殊的零件加工，所选用的刀具必须具有较高要求，或需作进一步的特殊处理，才能使数控机床真正发挥效率。

1. 数控加工对刀具的要求

1）强度高。为适应刀具在粗加工或对高硬度材料的零件加工时，能满足大的背吃刀量和高进给速度的要求，刀具必须具有足够的强度；对于刀杆细长的刀具（如深孔车刀），还应具有较好的抗振性能。

2）精度高。为适应数控加工的高精度和自动换刀等要求，刀具及其刀夹都必须具有较高的精度。如有的整体式立铣刀的径向尺寸精度高达0.005mm等。

3）切削速度和进给速度高。为提高生产效率并适应一些特殊加工的需要，刀具应能满足高切削速度或进给速度的要求。

4）可靠性好。要保证数控加工中不会因发生刀具意外损坏及潜在缺陷而影响到加工的顺利进行，要求刀具及与之组合的附件必须具有很好的可靠性和较强的适应性。

5）使用寿命。刀具在切削过程中的不断磨损，会造成加工尺寸的变化，伴随刀具的磨损，还会因刀刃（或刀尖）变钝，使切削阻力增大，从而导致被加工零件的表面精度大大下降，同时还会加剧其磨损，形成恶性循环。因此，数控加工中的刀具，不论在粗加工、精加工或特殊加工中，都应具有比普通机床加工所用刀具更高的使用寿命，以尽量减少更换或修磨刀具及对刀的次数，从而保证零件的加工质量，提高生产效率。使用寿命高的刀具，至少应完成1~2个大型零件的加工。

6）断屑及排屑性能好。数控刀具的断屑及排屑的性能，对保证数控机床顺利、安全地运行具有非常重要的意义。

7）数控刀具的结构应尽可能实现刀具尺寸的预调。

以车削加工为例，如果车刀的断屑性能不好，车出的螺旋形切屑就会缠绕在刀头、工件或刀架上，不但可能损坏车刀（特别是刀尖），还可能割伤已加工好的表面，甚至会发生伤人和损坏设备事故。因此，数控车削加工所用的硬质合金刀片上常常采用三维断屑槽，以增大断屑范围，改善断屑性能。另外，如果车刀的排屑性能不好，会使切屑在前刀面或断屑槽内堆积，加大切削刃（刀尖）与零件间的摩擦，加快其磨损，降低零件的表面质量，还可能产生刀瘤，影响车刀的切削性能。因此，应常对车刀采取减小前刀面（或断屑槽）的摩擦因数等措施（如特殊涂层处理及改善刃磨效果等）。对于内孔车刀，需要时还可考虑从刀体或刀杆的里面引入切削液，并具有从刀头附近喷出冲排切屑的结构。

总之，精度高、刚度好、使用寿命高是数控机床对刀具的基本要求，同时还要求尺寸稳定、安装调整方便。只有达到这些要求才能使数控机床真正发挥效率。

2. 刀具的选用原则

数控加工刀具的类型、规格和精度等级应符合数控加工质量的要求。

1）应尽可能选择通用的标准刀具，不用或少用特殊的非标准刀具；必要时可采用各种高效的专用刀具、复合刀具和多刃刀具等。

2）尽量使用不重磨刀片，少用焊接式刀片。

3）大力推广标准的模块化刀夹（刀柄和刀杆等）。刀具及其刀柄等附件的可靠性及适应性要高，以免在数控加工中发生意外损坏而影响加工的顺利进行。

4）同一批刀具的切削性能和使用寿命要稳定，以便实现按刀具使用寿命换刀或由数控系统对刀具寿命的管理。

5）不断推进可调式刀具（如浮动可调镗刀头）的开发和应用。

总之，数控加工刀具通常要考虑机床的加工能力、工序内容和工件材料等因素。

3. 数控车削刀具的选择

（1）数控车刀的分类

1）从结构上分为整体式（图 2-11a）和镶嵌式。镶嵌式又可分为焊接式（图 2-11b）和机夹式。机夹式根据刀体结构不同，分为可转位车刀（图 2-11c）和不可转位车刀。

机夹可转位刀具夹固不重磨刀片时通常采用螺钉、螺钉压板、杠销或楔块等结构。

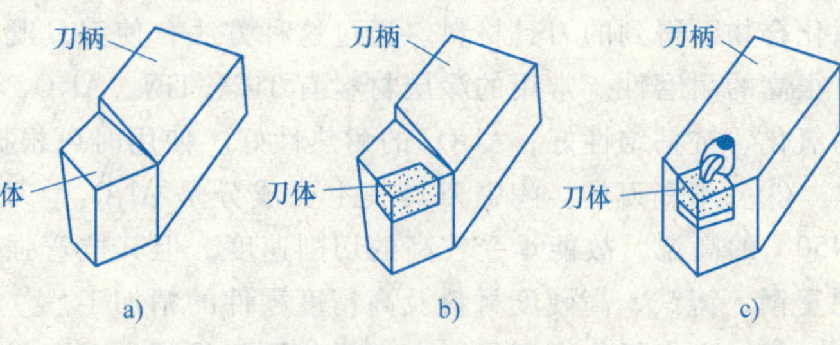

图 2-11　车刀结构

a）整体式车刀　b）焊接式车刀　c）可转位车刀

2）从制造所采用的材料上可分为高速钢刀具、硬质合金刀具、陶瓷刀具、立方氮化硼刀具和金刚石刀具。

① 高速钢刀具。高速钢刀具是在合金工具钢中加入较多的钨、钼、铬、钒等合金元素的高合金工具钢。它具有较高的强度、韧性和耐热性，是目前应用最广泛的刀具材料。因刃磨时易获得锋利的刃口，又称“锋钢”。高速钢按用途不同，可分为普通高速钢和高性能高速钢。

普通高速钢具有一定的硬度（62～67 HRC）和耐磨性、较高的强度和韧性，切削钢料时切削速度一般不高于 50～60m/min，不适合高速切削和硬材料的切削。常用牌号有 W18Cr4V、

W6Mo5Cr4V2。

高性能高速钢是在普通高速钢中增加碳、钒的含量或加入一些其他合金元素而得到耐热性、耐磨性更高的新钢种。但这类钢的综合性能不如普通高速钢。常用牌号有9W18Cr4V、9W6Mo5Cr4V2、W6Mo5Cr4V3 等。

② 硬质合金刀具。硬质合金根据国际标准 ISO 分类，把所有牌号分成用颜色标志的三大类，分别用 P、M、K 表示 。硬质合金是由硬度和熔点都很高的碳化物，用 Co、Mo、Ni 作粘结剂烧结而成的粉末冶金制品。其常温硬度可达 78～82 HRC，能耐 850～1000℃的高温，切削速度可比高速钢高 4～10 倍。但其冲击韧度与抗弯强度远比高速钢小，因此很少做成整体式刀具。实际使用中，常将硬质合金刀片焊接或用机械夹固的方式固定在刀体上。

K 类（YG）即钨钴类，由碳化钨和钴组成。这类硬质合金韧性较好，但硬度和耐磨性较差，适用于加工铸铁、青铜等脆性材料。常用的牌号有 YG8、YG6、YG3，它们制造的刀具依次适用于粗加工、半精加工和精加工。数字表示 Co 的质量分数，YG6 即表示 Co 的质量分数为 6%，含 Co 越多，则韧性越好。

P 类（YT）即钨钴钛类，由碳化钨、碳化钛和钴组成。这类硬质合金耐热性和耐磨性较好，但冲击韧性较差，适用于加工钢料等韧性材料。常用的牌号有 YT5、YT15、YT30 等，其中的数字表示碳化钛的质量分数，碳化钛的含量越高，则耐磨性较好、韧性越低。这三种牌号的硬质合金制造的刀具分别适用于粗加工、半精加工和精加工。

M 类（YW）即钨钴钛钽铌类。由在钨钴钛类硬质合金中加入少量的稀有金属碳化物（TaC 或 NbC）组成。它具有前两类硬质合金的优点，用其制造的刀具既能加工脆性材料，又能加工韧性材料，同时还能加工高温合金、耐热合金及合金铸铁等难加工材料。常用牌号有 YW1、YW2。

涂层硬质合金材料是在韧性、强度较好的硬质合金基体上或高速钢基体上，采用化学气相沉积（CVD）法或物理气相沉积（PVD）法涂覆一层极薄硬质和耐磨性极高的难熔金属化合物而得到的刀具材料。通过这种方法，使刀具既具有基体材料的强度和韧性，又具有很高的耐磨性。常用的涂层材料有 TiC、TiN、Al_2O_3 等。TiC 的韧性和耐磨性好；TiN 的耐氧化、抗粘结性好；Al_2O_3 的耐热性好。使用时可根据不同的需要选择涂层材料。

③ 陶瓷刀具。陶瓷刀具其主要成分是 Al_2O_3，刀片硬度可达 78 HRC，能耐 1200～1450℃的高温，故能承受较高的切削速度。但其抗弯强度低，冲击韧性差，易崩刃。主要用于钢、铸铁、高硬度材料及高精度零件的精加工。

④ 立方氮化硼刀具。立方氮化硼刀具是人工合成的超硬刀具材料，其硬度可达 7300～9000HV，仅次于金刚石的硬度。其热稳定性好，可耐 1300～1500℃高温，与铁族材料亲和力小。但强度低，焊接性差。目前主要用于加工淬火钢、冷硬铸铁、高温合金和一些难加工材料。

⑤ 金刚石刀具。金刚石分人造和天然两种，用作切削刀具材料的大多数是人造金刚石，其硬度极高，可达 10000 HV（硬质合金仅为 1300～1800 HV）。其耐磨性是硬质合金的 80～120 倍。但韧性差，对铁族材料亲和力大。因此一般不宜加工钢铁材料，主要用于硬质合金、玻璃纤维塑料、硬橡胶、石墨、陶瓷、非铁材料等材料的高速精加工。

3）数控车刀一般分为三类，即尖形车刀、圆弧车刀和成形车刀。

① 尖形车刀。以直线形切削刃为特征的车刀一般称为尖形车刀。这类车刀的刀尖由直线形的主、副切削刃构成，如90°内外圆车刀，左、右端面车刀。车断刀以及刀尖倒棱很小的各种外圆和内孔车刀。

② 圆弧车刀。圆弧车刀构成主切削刃的刀刃形状为一圆度误差或线轮廓误差很小的圆弧；该圆弧刃上每一点都是圆弧车刀的刀尖，因此，刀位点不在圆弧上，而在圆弧的圆心上。圆弧车刀可用于车内、外表面，特别适用于车削各种光滑连接的成形面。

③ 成形车刀。成形车刀俗称样板车刀，其加工零件的轮廓形状完全由车刀刀刃的形状和尺寸决定。

（2）数控车刀的选用　选用数控车刀必须考虑以下几点：

1）刀片的夹紧方式。各种夹紧方式是为适用于不同的应用范围设计的。为了帮助选择具体工序的最佳刀具，按照适合性对它们进行分类。适合性有1~3个等级，3为最佳选择。山特维克可乐满车刀的夹紧方式选择见表2-1。

表2-1　山特维克可乐满车刀的夹紧方式选择

	T-MAX P					CoroTurn 107	T-MAX 陶瓷和立方氮化硼
3＝最佳选择	(RC) 刚性夹紧	杠杆	楔块	楔块夹紧	螺钉和上夹紧	螺钉夹紧	螺钉和上夹紧
安全夹紧/稳定性	3	3	3	3	3	3	3
仿形切削/可达性	2	2	3	3	3	3	3
可重复性	3	3	2	2	3	3	3
仿切削形/轻工序	2	2	3	3	3	3	3
间歇切削工序	3	2	2	3	3	3	3
外圆加工	3	3	1	3	3	3	3
内圆加工	3	3	3	3	3	3	3
刀片 80° C　55° D R　S T　35° V 80° W	有孔的负前角刀片 双侧和单侧 平刀片和带断屑槽的刀片				有孔的负前角刀片 单侧 平刀片和带断屑槽的刀片		有孔和无孔负前角和正前角刀片 双侧和单侧

2）刀片形状的选择，见表2-2。

① 正型（前角）刀片。对于内轮廓加工，小型机床加工，工艺系统刚性较差和工件结构形状较复杂应优先选择正型刀片。

② 负型（前角）刀片。对于外圆加工，金属切除率高和加工条件较差时应优先选择负型刀片。

表 2-2 刀片形状的选择

机加工类型		内孔加工												外圆加工											
		L: D		L: D		L: D		L: D		L: D		L: D								30°		50°			
可转位刀片类型		2.5	4	2.5	4	2.5	4	2.5	4	2.5	4	2.5	4	不稳定	稳定	不稳定	稳定	不稳定	稳定	不稳定	稳定	不稳定	稳定	不稳定	稳定
80°	正型	··	··	··	··	··	··							··	·	··	·								
	负型	·		·		·								·	··	·	··								
55°	正型							··	··											··	·				
	负型	·		·		·		·												·	··				
圆形	正型																		··						
	负型																								
95°	正型	··	··											·	·										
	负型	·												·	··										
60°	正型	·	·	·	·	··	··									··	·								
	负型			·		·										·	··								
35°	正型									··	··	··	··									··	··	··	··
	负型																								
10°	正型			··	··	··	··							··	·	··	·								
	负型	·		·		·								·	··	·	··								

一般外圆车削常用 80°凸三角形、四方形和 80°菱形刀片；仿形加工常用 55°、35°菱形和圆形刀片；在机床刚性、功率允许的条件下，大余量、粗加工应选择刀尖角较大的刀片，反之选择刀尖角较小的刀片。

3）前角。前角对切削力、排屑及刀具使用寿命的影响都很大。

正前角大，切削刃锋利；前角每增加 1°，切削功率减少 1%；正前角大，刀刃强度下降；负前角过大，切削力增加，如图 2-12 所示。

大负前角用于切削硬材料，要求切削刃强度大的情况下，以适应断续切削、切削含黑皮表面层的加工条件。

大正前角用于切削软质材料、易切削材料，被加工材料及机床刚性差时。

4）后角。后角大，后刀面磨损小，刀尖强度下降，如图 2-13 所示。

小后角用于切削硬材料，需切削刃强度高时；大后角用于切削软材料，切削易加工硬化的材料。

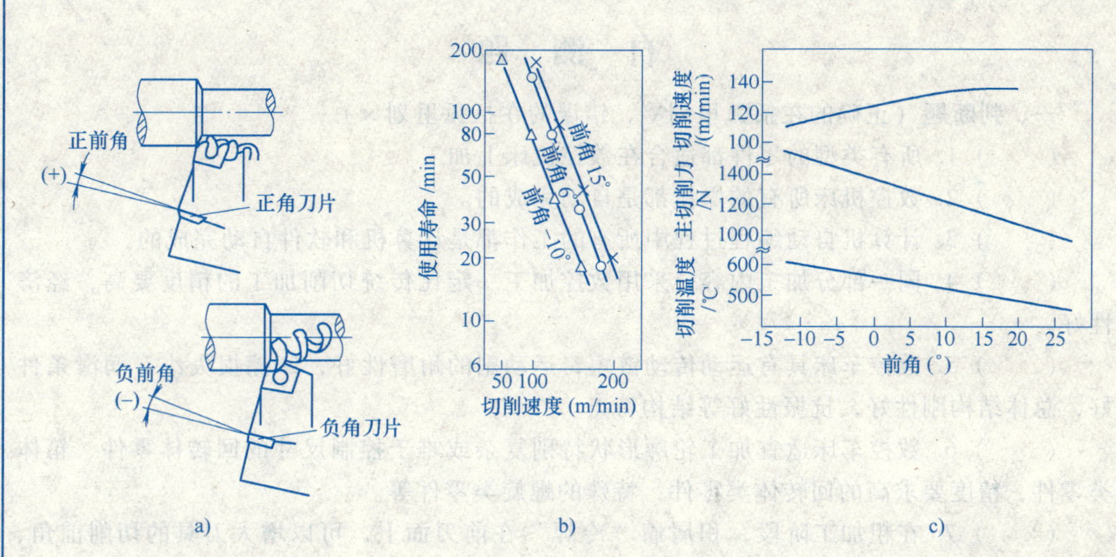

图 2-12　前角

a）切屑排出与前角的关系　b）前角与使用寿命的关系　c）前角的变化对切削速度、主切削刀、切削温度的影响

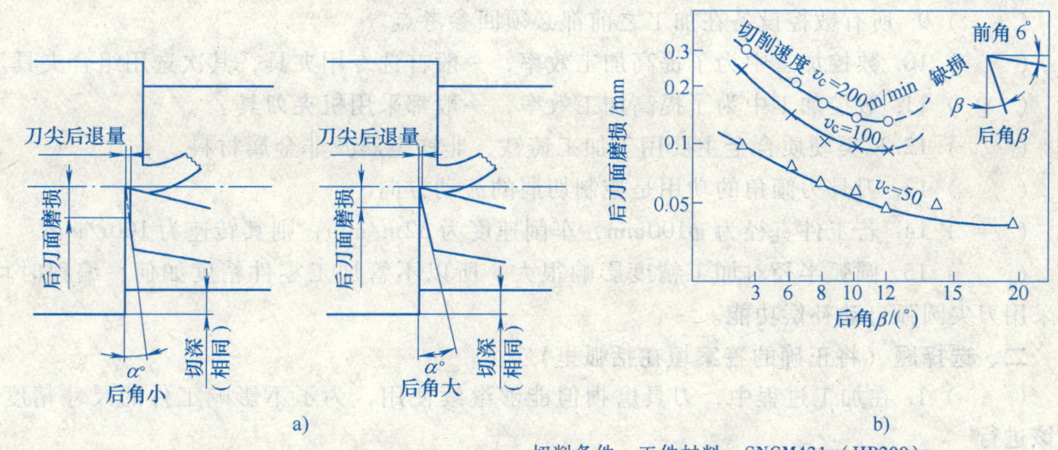

后角使刀具工件有间隙，其大小与后刀面磨损有很大关系。

切削条件　工件材料　SNCM431（HB200）

刀片材料　STi20　刀具形状　0・6・β・β・20・20・0.5

背吃刀量　1mm　进给量　0.32mm/rev　切削时间 20 分

刀具后角的变化与磨损量的关系

图 2-13　后角

自 测 题

一、判断题（正确的在括弧里划√，错误的在括弧里划×）

（　　）1. 所有类型的零件都适合在数控机床上加工。

（　　）2. 数控机床所有的操作都是自动完成的。

（　　）3. 计算机自动编程过程中所有的工作都是计算机和软件自动完成的。

（　　）4. 同一部分加工内容，采用数控加工一定比传统切削加工的精度要高，经济性好。

（　　）5. 数控车床具有运动传动链短，运动副的耐磨性好，摩擦损失小，润滑条件好，总体结构刚性好，抗振性好等结构特点。

（　　）6. 数控车床适宜加工轮廓形状特别复杂或难于控制尺寸的回转体零件、箱体类零件，精度要求高的回转体类零件，特殊的螺旋类零件等。

（　　）7. 在粗加工阶段，积屑瘤“冷焊”在前刀面上，可以增大刀具的切削前角，有利于切削加工。

（　　）8. 数控系统的可控轴数和联动轴数是相同的。

（　　）9. 所有数控设备在加工之前都必须回参考点。

（　　）10. 数控加工中为了提高加工效率，一般首选专用夹具，其次选用组合夹具。

（　　）11. 数控加工中为了提高加工效率，一般都采用机夹刀具。

（　　）12. K 类硬质合金主要用于加工铸铁、非铁金属及非金属材料。

（　　）13. 刀具刃倾角的功用是控制切屑的流动方向。

（　　）14. 若工件直径为 ϕ100mm，车削速度为 32m/min，则其转速为 100r/min。

（　　）15. 圆弧半径对加工精度影响很大，所以不管加工零件精度如何，编程时均应采用刀尖圆弧自动补偿功能。

二、选择题（将正确的答案填在括弧里）

（　　）1. 在加工过程中，刀具磨损但能够继续使用，为了不影响工件的尺寸精度，应该进行__________。

A. 换刀　　B. 刀具磨损补偿　　C. 修改程序　　D. 改变切削用量

（　　）2. FANUC 系统中，__________必须在操作面板上预先按下[选择停止]时才起作用。

A. M01　　B. M00　　C. M02　　D. M30

（　　）3. 数控加工选择刀具时一般应优先采用__________。

A. 标准刀具　　B. 专用刀具　　C. 复合刀具　　D. 都可以

（　　）4. 切削用量中对切削温度影响最大的是__________。

A. 背吃刀量　　B. 进给量　　C. 切削速度　　D. A，B，C 均是

（　　）5. 当模式选择开关在[JOG FEED]状态时，数控机床的__________有效。

A. 主轴速度控制　　B. 刀具指定开关

C. 尾座套筒运动　　D. 手轮速度

（　　）6. 将钢加热到发生相变的温度，保温一定时间，然后缓慢冷却到室温的热处

理称为____________。

A. 退火　　B. 回火　　C. 正火　　D. 调质

(　　) 7. 一般而言，增大工艺系统的____________才能有效地降低振动强度。

A. 刚度　　B. 强度　　C. 精度　　D. 硬度

(　　) 8. 图样中未标注公差尺寸的极限偏差，由相应的技术文件具体规定，一般规定为____________。

A. IT10 ~ IT14　　B. IT12 ~ IT18　　C. IT18　　D. IT0

(　　) 9. 加工精度高、____________、自动化程度高，劳动强度低、生产效率高等是数控机床加工的特点。

A. 加工轮廓简单、生产批量又特别大的零件

B. 对加工对象的适应性强

C. 装夹困难或必须依靠人工找正、定位才能保证其加工精度的单件零件

D. 适于加工余量特别大、材质及余量都不均匀的坯件

(　　) 10. 退火一般安排在____________之后。

A. 毛坯制造　　B. 粗加工　　C. 半精加工　　D. 精加工

(　　) 11. 允许间隙或过盈的变动量称为____________。

A. 最大间隙　　B. 最大过盈　　C. 配合公差　　D. 变动误差

三、名词解释

1. 基点

2. 节点

3. 模态指令

4. 非模态指令

四、简答题

1. 数控机床常用的程序输入方法有哪些？

2. 用三爪自定心卡盘、四爪卡盘、两顶尖和一夹一顶装夹轴类零件时，各有什么特点？分别适用于什么场合？

3. 数控加工机床按加工控制路线应分为哪几类？其控制过程有何不同？

4. 加工路线的确定应遵循哪些主要原则？

5. 什么是二轴半坐标加工和三坐标加工？分别适用于什么加工场合？

技能训练

加工图示零件。

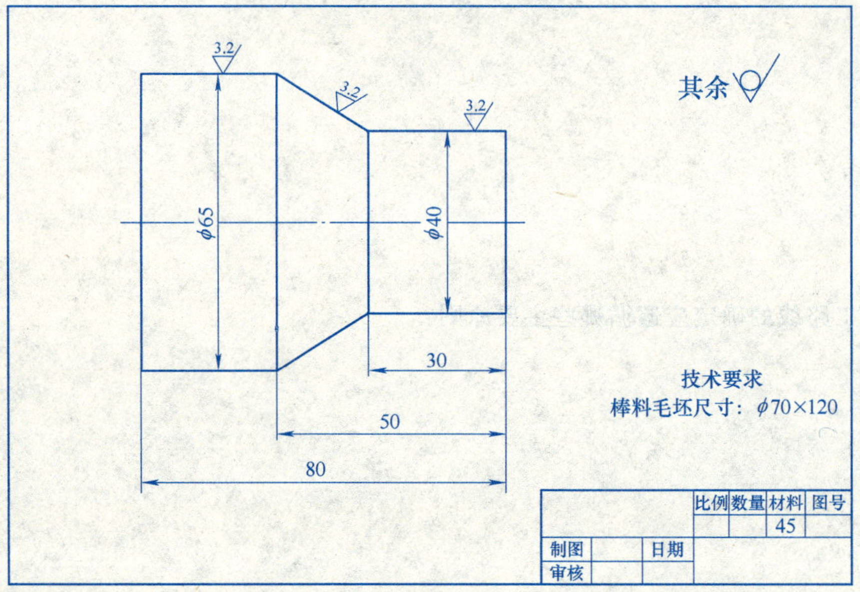

1. 加工路线

2. 程序清单

实训分析

项目	是	否及原因
是否能正确进行开机准备？		
是否能熟练输入、编辑程序？		
程序是否正确？		
是否能正确选择机床和系统？		
是否能正确选择、安装刀具？		
是否能正确根据零件选择、安装毛坯？		
参数设置是否正确？		
对刀是否正确？		
加工过程中有无碰撞？		
是否能正确快速测量加工后的零件？		
零件是否合格？		

学习总结			
在本课题中的收获（已经学会的）			
在本课题中还存在的问题（没有学懂，而希望老师指导的）			
本课题的学习自评等级（优、良、中、差）		学生签名	
教师评价			
总成绩		教师签名	

课题三

数控车削加工圆弧表面

<table>
<tr><th colspan="2">授 课 计 划</th></tr>
<tr><td>数控加工技术基础</td><td>总学时：48</td></tr>
<tr><td>数控车削加工圆弧表面</td><td>学时：8</td></tr>
<tr><td colspan="2">学习目标
1. 熟悉圆弧切削加工的特点。
2. 了解数控圆弧加工的工艺处理。
3. 了解圆弧面数控加工的误差控制。
4. 了解圆弧插补原理。
5. 掌握圆弧车削加工的走刀路线。</td></tr>
</table>

补充阅读材料

一、直径编程与半径编程

当地址 X 后所跟的坐标值是直径时，称直径编程，如图 3-1 所示直线 *AB* 的编程，程序应编写为

G90 G01 X100.0 Z50.0 F0.15；

当地址 X 后所跟的坐标值是半径时，称半径编程，如图 3-1 所示直线 *AB* 的编程，程序则应写为

G90 G01 X50.0 Z50.0 F0.15；

编程时应注意：

1）直径或半径编程方式可在机床控制系统中用参数来指定。

2）无论是直径编程还是半径编程，圆弧插补时 R、I 和 K 的值均以半径值计算。

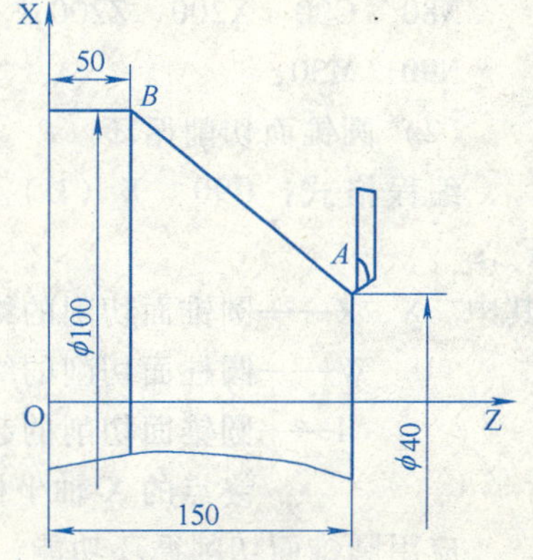

图 3-1 直径编程与半径编程

二、数控车床单一固定循环指令

单一固定循环可以将一系列连续加工动作，如“切入→切削→退刀→返回”，用一个循环指令完成，从而简化程序。

1. 圆柱面或圆锥面切削循环

圆柱面或圆锥面切削循环是一种单一固定循环，圆柱面单一固定循环如图 3-2 所示，圆锥面单一固定循环如图 3-3 所示。

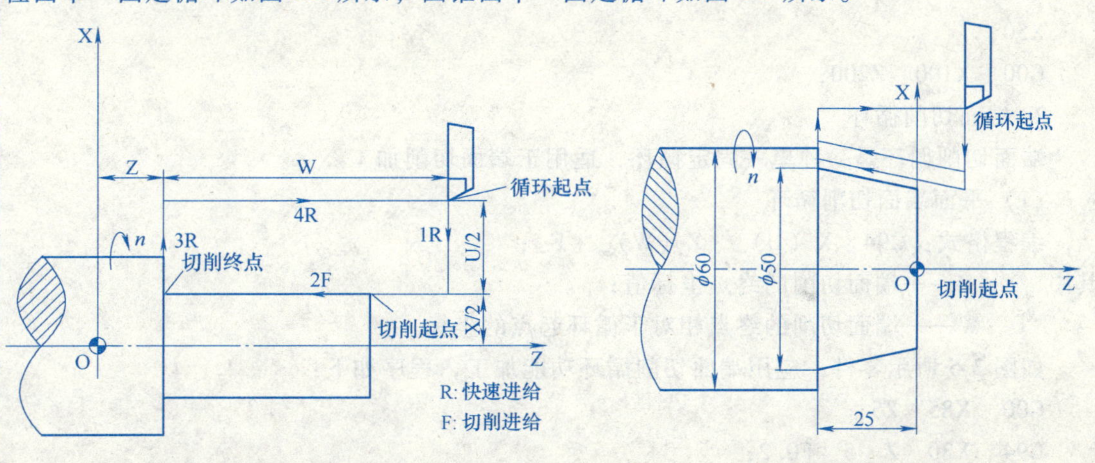

图 3-2 圆柱面切削循环　　图 3-3 圆锥面切削循环

（1）圆柱面切削循环

编程格式：G90 X（U）_ Z（W）_ F_；

其中 X、Z——圆柱面切削的终点坐标值；

U、W——圆柱面切削的终点相对于循环起点的坐标。

如图 3-4 所示的零件，应用圆柱面切削循环功能加工。

程序如下：

N10 G50 X200 Z200 T0101；

N20 M03 S1000；

N30 G00 X55 Z4 M08；

N40 G01 G96 Z2 F2.5 S150；

N50 G90 X45 Z－25 F0.2；

N60 X40；

N70 X35；

N80 G00 X200 Z200；

N90 M30；

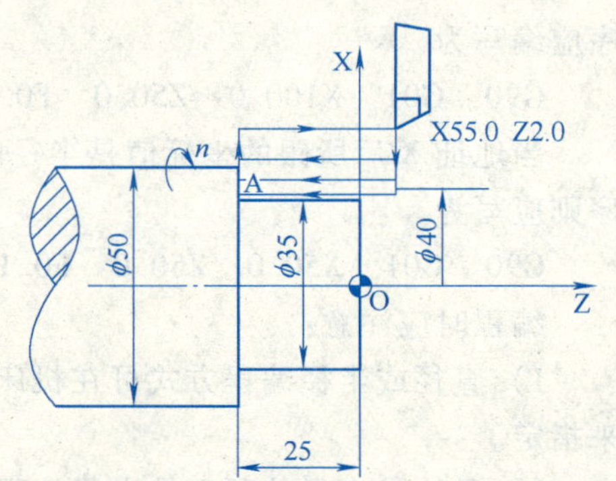

图 3-4 G90 的用法（圆柱面）

（2）圆锥面切削循环

编程格式：G90 X（U）_ Z（W）_ R_ F_；

其中 X、Z——圆锥面切削的终点坐标值；

U、W——圆柱面切削的终点相对于循环起点的坐标；

I——圆锥面切削的起点相对于终点的半径差。如果切削起点的 X 轴坐标小于终点的 X 轴坐标，R 值为负，反之为正，如图 3-3 所示。

应用圆锥面切削循环功能，加工图 3-3 所示的零件，其程序如下：

G01 X65 Z2；

G90 X60 Z－35 R－5 F0.2；

X50；

G00 X100 Z200；

2. 端面切削循环

端面切削循环是一种单一固定循环，适用于端面切削加工。

（1）平面端面切削循环

编程格式：G94 X（U）_ Z（W）_ F_；

其中 X、Z——端面切削的终点坐标值；

U、W——端面切削的终点相对于循环起点的坐标。

如图 3-5 所示零件，应用端面切削循环功能加工，程序如下：

G00 X85 Z5；

G94 X30 Z－5 F0.2；

Z－10；

Z－15；

（2）锥面端面切削循环

编程格式：G94 X（U）_ Z（W）_ R_ F_；

其中 X、Z——端面切削的终点坐标值；

U、W——端面切削的终点相对于循环起点的坐标；

R——端面切削的起点相对于终点在Z轴方向的坐标分量。当起点Z向坐标小于终点Z向坐标时R为负，反之为正，如图3-6所示。

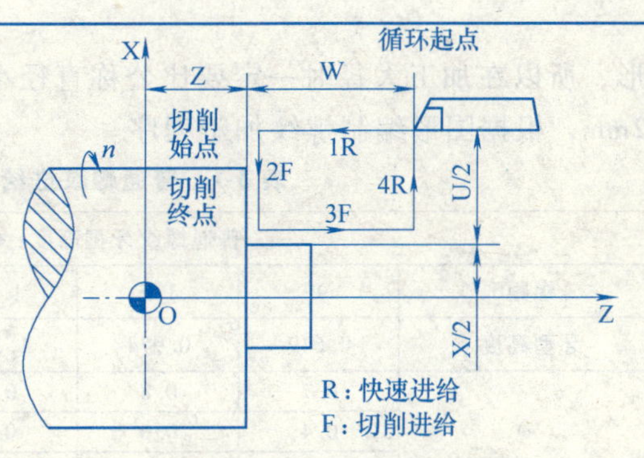

图3-5 端面切削循环

如图3-7所示零件，应用端面切削循环功能加工，程序如下：

G94 X20 Z0 R－5 F0.2；

Z－5；

Z－10；

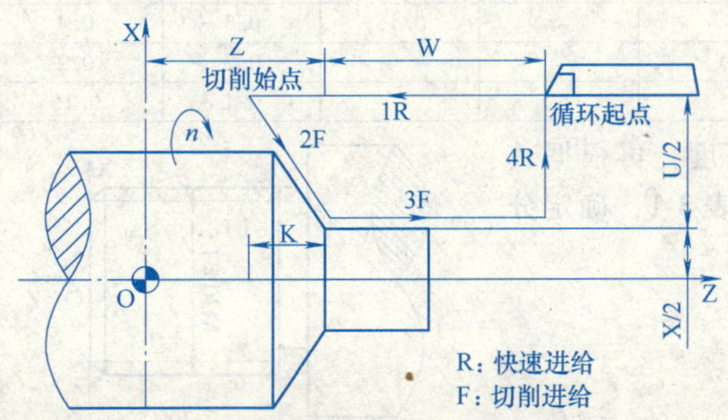

图3-6 锥面端面切削循环

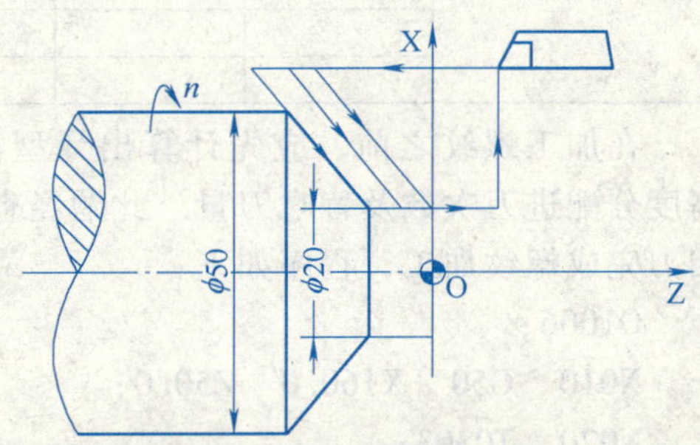

图3-7 G94的用法（锥面）

三、螺纹切削指令

1. 基本螺纹切削指令

编程格式：G32 X（U）_ Z（W）_ F_；

其中 X（U）、Z（W）——螺纹切削的终点坐标值；X省略时为圆柱螺纹切削，Z省略时为端面螺纹切削；X、Z均不省略时为锥螺纹切削；

F——螺纹导程。

应用基本螺纹切削指令时应注意：

1）切削螺纹时，主轴转速要保持不变，所以控制功能一定要用恒转速指令而不能用恒线速指令。

2）在加工螺纹时，面板上的进给速度倍率、主轴速度倍率开关无效。

3）由于伺服系统本身具有滞后特性，故在螺纹切削时要考虑足够的切入距离 δ_1 和切出距离 δ_2，如图3-8所示。

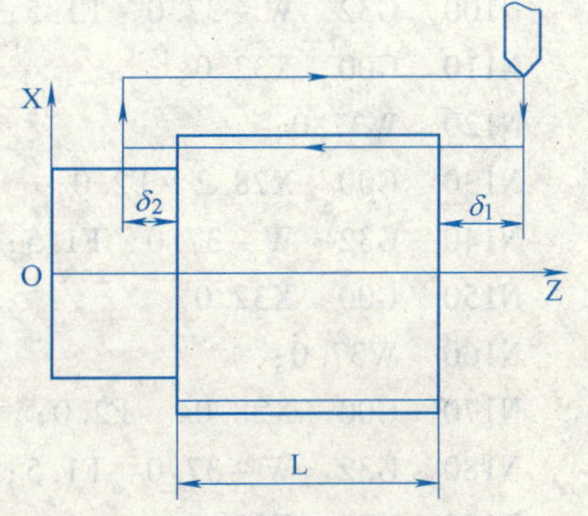

图3-8 圆柱螺纹切削

4）螺纹加工中的背吃刀量大小和进刀次数会直接影响螺纹的加工质量和效率，一般按经验或参照表3-1选择。

加工图3-9所示的螺纹零件，已知螺纹大径已加工到 $\phi29.8$mm（由于螺纹的挤压变形，所以在加工大径时一定要比公称直径小一些），设切入距离 $\delta_1=5\text{mm}$，切出距离 $\delta_2=2\text{mm}$，根据图形编制螺纹加工程序。

表 3-1　普通螺纹进给次数和背吃刀量大小参考表

普通螺纹牙型高度：0.6495P　（P 为螺纹螺距）							
螺距	1	1.5	1.75	2.0	2.5	3.0	3.5
牙型高度	0.649	0.974	1.137	1.299	1.624	1.949	2.273
进给次数和背吃刀量	0.7	0.8	0.9	0.9	1.0	1.0	1.5
	0.4	0.6	0.7	0.7	0.7	0.8	0.7
	0.2	0.4	0.4	0.5	0.6	0.6	0.6
		0.16	0.2	0.4	0.4	0.5	0.6
			0.08	0.1	0.4	0.4	0.4
					0.15	0.3	0.4
						0.2	0.2
						0.1	0.15

在加工螺纹之前，应先计算出牙型高度，再根据其高度分配进刀次数及背吃刀量。此题经查表 3-1，确定分四刀完成螺纹加工，程序如下：

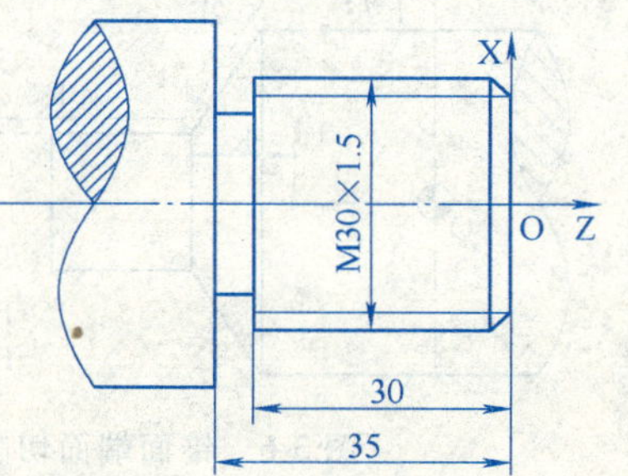

图 3-9　圆柱螺纹切削实例

```
O1006;
N010  G50  X160.0  Z50.0;
N020  T0303;
N030  M03  S680;
N040  G00  X35.0  Z5.0;
N050  G00  X29.2  F2.0;          //进给到第一刀的径向尺寸
N060  G32  W-37.0  F1.5;         //切削螺纹
N070  G00  X32.0;                //退到大于公称直径位置
N080  W37.0;                     //回程至进刀位置
N090  G00  X28.6  F2.0;          //进给到第二刀的径向尺寸
N100  G32  W-37.0  F1.5;
N110  G00  X32.0;
N120  W37.0;
N130  G00  X28.2  F2.0;          //进给到第三刀的径向尺寸
N140  G32  W-37.0  F1.5;
N150  G00  X32.0
N160  W37.0;
N170  G00  X28.04  F2.0;         //进给到第四刀的径向尺寸
N180  G32  W-37.0  F1.5;
N190  G00  X32.0;
N200  X160.0  Z50.0  T0300;
N210  M30;
```

2. 螺纹切削循环指令

螺纹切削循环指令把“切入→螺纹切削→退刀→返回”四个动作作为一个循环，用一个程序段来指令，如图 3-10 所示。

编程格式：G92 X（U）_ Z（W）_ R_ F_；

其中 X、Z——螺纹切削的终点绝对坐标值；

U、W——螺纹切削的终点相对于循环起点的增量坐标值；

R——螺纹切削起点与终点的半径差。加工圆柱螺纹时，R＝0；加工圆锥螺纹时，当 X 向切削起点绝对坐标小于终点绝对坐标时，R 为负，反之为正；

F——螺纹导程。

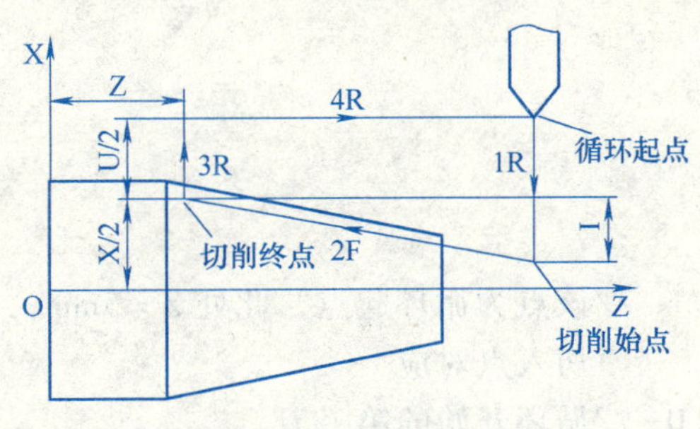

图 3-10 螺纹切削循环

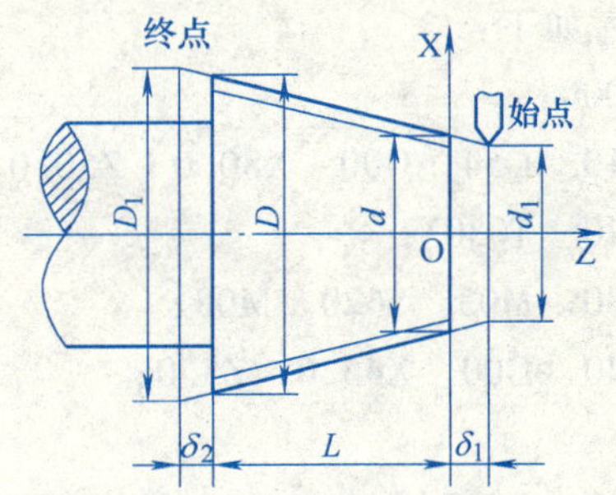

图 3-11 圆锥螺纹尺寸计算

使用螺纹切削循环命令时应注意：

1）采用螺纹切削循环指令，需要在 G92 的前一段设置一个循环起点，每加工完一刀，刀具都会返回到循环起点。

2）加工圆锥螺纹时，应根据螺纹起点与终点坐标计算出 I 值，特别要注意的是，R 值是起点与终点的半径差，而不是圆锥大小端的半径差。

下面介绍一种求解 R 值的方法。

如图 3-11 所示，一般加工圆锥螺纹时，切削始点 d_1 不会选在圆锥小端的端面上，而切削终点 D_1 也不一定正好在圆锥大端上（除了无退刀槽的以外），而都应该有一段切入距离 δ_1 与切出距离 δ_2，其距离大小可根据零件情况来确定。切削始点 d_1 与终点 D_1 是随切入距离 δ_1 与切出距离 δ_2 大小而变化的，所以确定好 δ_1 与 δ_2 后，先要通过计算求出 d_1 与 D_1，然后才能求出 R 值大小。

求解 d_1 与 D_1 可根据圆锥半角公式，即

$$\tan\frac{\alpha}{2} = \frac{D-d}{2L}$$

采用相似多边形的性质。

求 d_1 时，由 $\frac{D-d}{2L} = \frac{D-d_1}{2(L+\delta_1)}$，求得 $d_1 = D - \frac{(D-d)(L+\delta_1)}{L}$。

求 D_1 时，由 $\frac{D-d}{2L} = \frac{D_1-d}{2(L+\delta_2)}$，求得 $D_1 = d + \frac{(D-d)(L+\delta_2)}{L}$。

再求 R 值，由 $R = \frac{(d_1-D_1)}{2}$ 求得。

加工如图 3-12 所示的圆锥螺纹，设圆锥表面已加工完成，切入距离 $\delta_1 = 5\text{mm}$，切出距离 $\delta_2 = 1\text{mm}$，螺纹螺距 $P = 2\text{mm}$，采用螺纹切削循环指令编制程序。

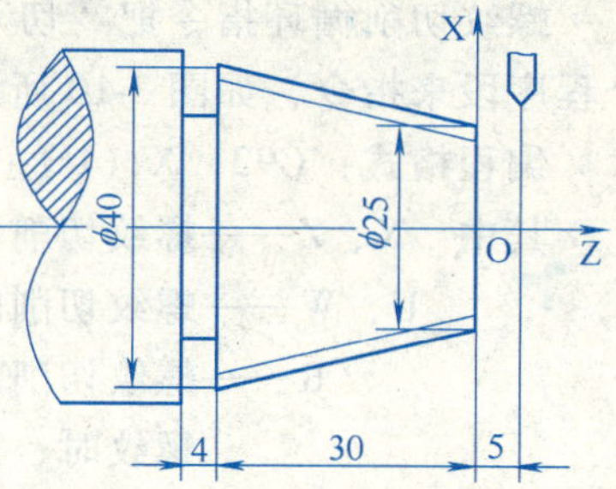

先计算螺纹参数。牙型高度 = 1.299mm，计划分五刀完成，参照表 3-1，进给量分别为 0.9mm、0.7mm、0.5mm、0.4mm、0.1mm。

再计算圆锥切削始点与终点直径值及 R 值。

由上述公式计算可得 $d_1 = 22.5\text{mm}$，$D_1 = 41\text{mm}$，$R = -9.25\text{mm}$。

图 3-12 圆锥螺纹循环切削实例

程序如下：

```
O2000;
N010  G54  G00  X80.0  Z50.0;
N020  T0303;
N030  M03  S620  M08;
N040  G00  X45.0  Z5.0;                    //该点为循环起点，此处 Z=5mm，与
                                            切入点对应
N050  G92  X40.1  Z-32  R-9.25  F2.0;      //循环开始的第一刀
N060  X39.4;                               //第二刀
N070  X38.9;                               //第三刀
N080  X38.5;                               //第四刀
N090  X38.4;                               //第五刀
N100  G00  X200.0  Z100.0  T0300  M09;
N110  M30;
```

经过上面两例比较，采用螺纹切削循环指令编程，程序要简洁得多。圆柱螺纹也同样可采用此方式编制，只是不必计算 R 值，即 R = 0。

3. 螺纹切削复合循环

该指令适合于车削导程较大、进刀次数较多的螺纹。加工任何螺纹不管进刀次数是多少，该指令始终只需指定一次（两行参数），数控系统就会按照给定的参数自动计算并完成螺纹的全部内容，程序比前面讲过的 G92 指令还要短。另外，该种循环采用的是斜进法进刀，所以在加工牙型较深的螺纹时有利于改善刀具的切削条件，加工大导程螺纹时可优先考虑使用该指令，如图 3-13 所示。

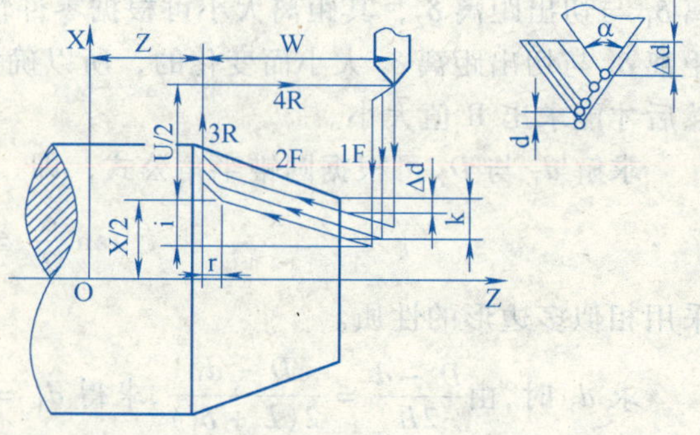

图 3-13 螺纹切削复合循环与进刀方法

程序格式：

G76　P（M）_　（r）_　（α）_　Q（Δd_{min}）_　R（d）_；

G76　X（U）_　Z（W）_　R（i）_　P（k）_　Q（Δd）_　F（l）_；

其中

M——精加工车削次数，必须用两位数字表示；

r——螺纹末端倒角量，必须用两位数字表示；

α——螺纹刀尖角；

Δd_{min}——最小背吃刀量，该数值不可用小数点方式表示；

d——精加工余量；

X、Z——最后一刀螺纹终点的绝对坐标值；

U、W——最后一刀螺纹终点相对于循环起点的增量坐标值；

i——螺纹切削起点与切削终点的半径差。加工圆锥螺纹时，当 X 向切削起点绝对坐标小于终点绝对坐标时，i 为负，反之为正；加工圆柱螺纹时，i=0；

k——螺纹的牙型高度；

Δd——第一刀背吃刀量，该数值不可用小数点方式表示；

l——螺纹的导程。

加工图 3-14 所示的零件，已知外圆已加工完成，根据螺纹尺寸采用复合切削循环功能编写零件的螺纹加工程序。假设 3 号刀为螺纹刀。

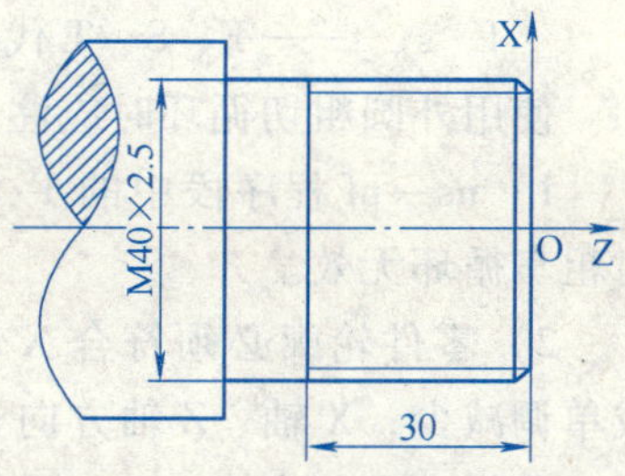

图 3-14　螺纹切削复合循环

在编制螺纹程序之前，先要计算出相关参数，具体如下：

牙型高度为 0.6495×2.5mm≈1.624mm；

螺纹小径为（40-2×1.624）mm=36.753mm；

取 r=8mm，d=0.04 mm，Δd=1.0 mm，Δd_{min}=0.02。

程序如下：

```
O1001;
N10  G50  X150.0  Z20.0;
N20  T0303  M08;
N30  M03  S650;
N40  G00  X45.0  Z10.0;
N50  G76  P020860  Q20  R0.04;
N60  G76  X36.753  Z-30.0  R0  P1.624  Q1000  F2.5;
N70  G00  X150.0  Z20.0  T0300  M09;
N80  M30;
```

四、数控车床复合固定循环指令

在复合固定循环中，对零件的轮廓定义之后，即可完成从粗加工到精加工的全过程，使程序得到进一步简化。

1. 外圆粗切循环

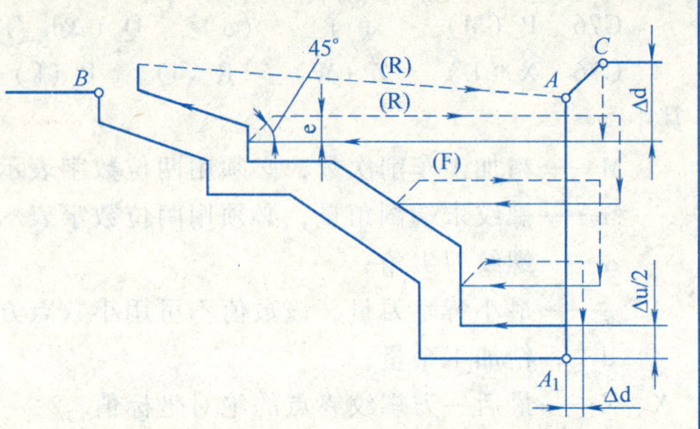

图 3-15 外圆粗切循环

外圆粗切循环如图 3-15 所示，它是一种复合固定循环，适用于外圆柱面需多次走刀才能完成的粗加工。

编程格式：

G71 U（Δd）_ R（e）_；

G71 P（ns）_ Q（nf）_ U（Δu）_ W（Δw）_ F（f）_ S（s）_ T（t）；

其中 Δd——背吃刀量；

e——退刀量；

ns——精加工轮廓程序段中开始程序段的段号；

nf——精加工轮廓程序段中结束程序段的段号；

Δu——X 轴向精加工余量；

Δw——Z 轴向精加工余量；

f、s、t——F、S、T 代码。

使用外圆粗切循环时应注意：

1）ns→nf 程序段中的 F、S、T 功能，即使被指定也对粗车循环无效。

2）零件轮廓必须符合 X 轴、Z 轴方向同时单调增大或单调减少；X 轴、Z 轴方向非单调时，ns→nf 程序段中第一条指令必须在 X、Z 向同时有运动。

2. 端面粗切循环

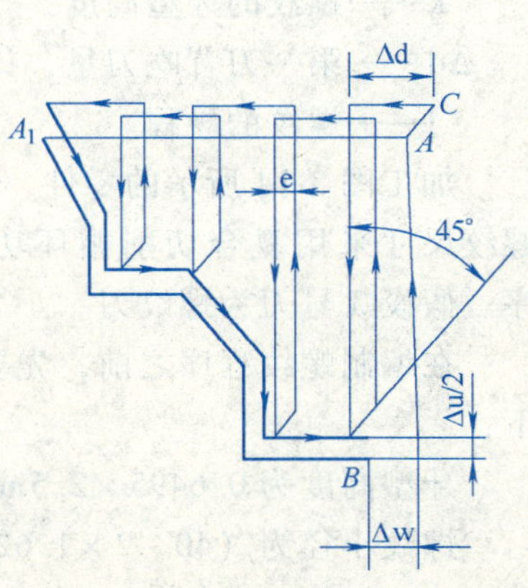

图 3-16 端面粗切循环

端面粗切循环如图 3-16 所示，它是一种复合固定循环。端面粗切循环适于 Z 向余量小，X 向余量大的棒料粗加工。

编程格式：

G72 U（Δd）_ R（e）_；

G72 P（ns）_ Q（nf）_ U（Δu）_ W（Δw）_ F（f）_ S（s）_ T（t）_；

其中 Δd——背吃刀量；

e——退刀量；

ns——精加工轮廓程序段中开始程序段的段号；

nf——精加工轮廓程序段中结束程序段的段号；

Δu——X 轴向精加工余量；

Δw——Z 轴向精加工余量；

f、s、t——F、S、T 代码。

使用端面粗切循环时应注意：

1）ns→nf 程序段中的 F、S、T 功能，即使被指定对粗车循环无效。

2）零件轮廓必须符合 X 轴、Z 轴方向同时单调增大或单调减少。

3. 封闭切削循环

封闭切削循环如图 3-17 所示，它是一种复合固定循环，适用于对铸、锻毛坯切削，对零件轮廓的单调性则没有要求。

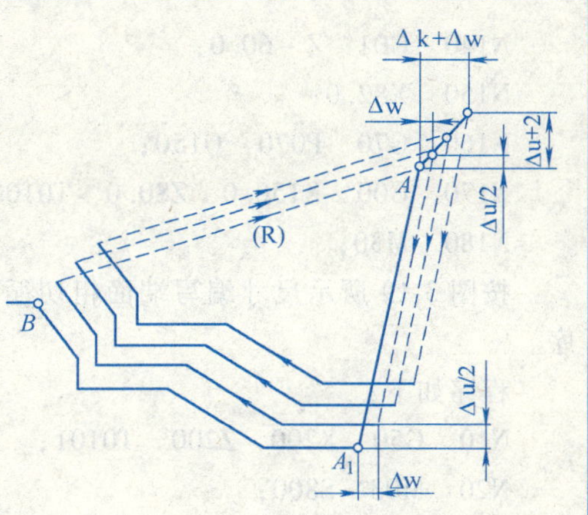

图 3-17　封闭切削循环

编程格式：

G73　U（i）_　W（k）_　R（d）_；

G73　P（ns）_　Q（nf）_　U（Δu）_　W（Δw）_　F（f）_　S（s）_　T（t）_；

其中　i——X 轴向总退刀量；

k——Z 轴向总退刀量（半径值）；

d——重复加工次数；

ns——精加工轮廓程序段中开始程序段的段号；

nf——精加工轮廓程序段中结束程序段的段号；

Δu——X 轴向精加工余量；

Δw——Z 轴向精加工余量；

f、s、t——F、S、T 代码。

4. 精加工循环

由 G71、G72、G73 完成粗加工后，可以用 G70 进行精加工。精加工时，G71、G72、G73 程序段中的 F、S、T 指令无效，只有在 ns-nf 程序段中的 F、S、T 才有效。

编程格式：G70　P（ns）_　Q（nf）_；

其中　ns——精加工轮廓程序段中开始程序段的段号；

nf——精加工轮廓程序段中结束程序段的段号。

零件如图 3-18 所示，已知毛坯为 ϕ80mm 的圆棒料，按图样完成零件的外圆粗、精加工程序。假定粗、精加工由一把刀完成。

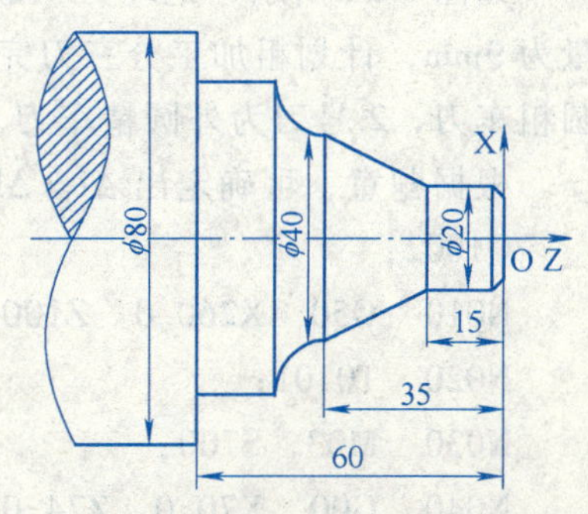

图 3-18　G71 与 G70 应用实例

程序如下：

```
O2002;
N010  G50  X150.0  Z80.0;
N020  T0101;
N030  M03  S800;
N040  G00  X65.0  Z1.0;
N050  G71  U3.0  R1.0;
N060  G71  P070  Q150  U1.0  W0.5  F0.2;
N070  G00  X16.0;
N080  G96  S200;
N090  G01  X20.0  Z-1.0  F0.1;
N100  Z-15;
N110  X40.0  Z-35.0;
N130  G02  X60.0  Z-45.0  R10.0;
```

```
N140  G01  Z-60.0;
N150  X82.0;
N160  G70  P070  Q150;
N170  G00  X150.0  Z80.0  T0100;
N180  M30;
```

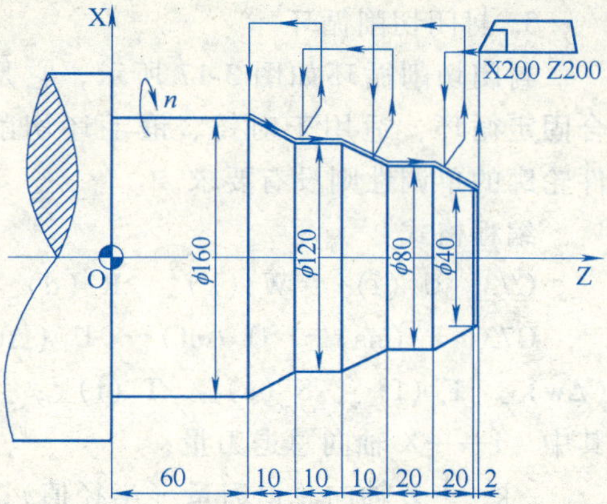

按图 3-19 所示尺寸编写端面粗切循环加工程序。

图 3-19　G72 与 G70 应用实例

程序如下：

```
N10  G50  X200  Z200  T0101;
N20  M03  S800;
N30  G90  G00  G41  X162  Z132  M08;
N40  G96  S120;
N50  G72  U3  R0.5;
N60  G72  P70  Q120  U2  W0.5  F0.2;
N70  G00  Z60;
N75  G01  X160  F0.1;
N80  G01  X120  Z70  F0.15;
N90  Z80;
N100  X80  Z90;
N110  Z110;
N120  X36  Z132;
N130  G00  G40  X200  Z200;
N140  M30;
```

如图 3-20 所示，毛坯为一锻件，外圆粗加工余量为 9mm（半径值）和长度粗加工余量为 9mm，计划粗加工分三刀完成。根据零件图形编制粗、精加工程序。已知 1 号刀为外圆粗车刀，2 号刀为外圆精车刀。

根据题意，可确定出 Δi = Δk = 6mm。程序编制如下：

```
O1002;
N010  G50  X260.0  Z100.0;
N020  T0101;
N030  M03  S700;
N040  G00  X70.0  Z74.0;
N050  G73  U6.0  W6.0  R3;
N060  G73  P070  Q140  U1.0  W0.5  F0.25;
N070  G00  X0  Z62.0;
N080  G01  Z60.0  F0.08;
N090  G03  X20.0  Z50.0  R10.0;
N100  G01  X40.0  Z35.0;
```

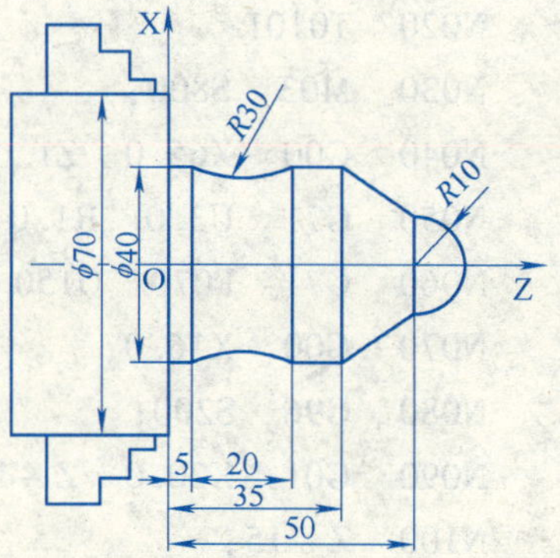

图 3-20　G73 与 G70 应用实例

```
N110  Z25.0;
N120  G02  Z5.0  R30.0;
N130  G01  Z0;
N140  X72.0;
N150  G00  X260.0  Z100.0  T0100;
N160  T0202;
N170  G00  X70.0  Z74.0;
N180  G70  P070  Q140;
N190  G00  X260.0  Z100.0  T0200;
N200  M30;
```

自 测 题

一、判断题（正确的在括弧里划√，错误的在括弧里划×）

（　　）1. 刀具补偿功能包括刀补的建立、刀补的执行和刀补的取消三个阶段。

（　　）2. 顺时针圆弧插补（G02）和逆时针圆弧插补（G03）的判别方向是：沿着不在圆弧平面内的坐标轴正方向向负方向看去，顺时针方向为 G02，逆时针方向为 G03。

（　　）3. 圆弧表面精车加工时必须采用刀具刀尖圆弧半径补偿，否则加工会出现过切或少切现象。

（　　）4. 采用半径 R 编程车削圆弧表面时，不能描述整圆。

（　　）5. 采用增量方式编写圆弧加工程序时，G02/G03 后的 X、Z 表示圆弧终点对圆心的增量坐标值。

（　　）6. 当采用半径指定圆心的位置时，由于在同一半径 R 的情况下，从圆弧起点到终点有两个圆弧的可能性，为区别二者，规定圆弧对应的圆心角 $0<\alpha\leqslant180°$ 时，用 $-R$ 表示；圆弧对应的圆心角 $180°<\alpha<360°$ 时，用 $+R$ 表示。

（　　）7. 数控车床的刀架通常分为前置刀架和后置刀架，但在判断圆弧的顺逆时，可以不考虑刀架的具体位置。

（　　）8. 车床常用刀具补偿格式为 T××××，即 T 后可跟 4 位数，其中前 2 位表示刀具号，后两位表示刀具补偿值。

（　　）9. 当采用半径方式编程时，地址 X 后所跟的坐标值表示半径值，而地址 Z 后跟的坐标值表示 Z 向的一半。

（　　）10. 数控车削时，无论是直径编程还是半径编程，圆弧插补时 R、I 和 K 的值均以半径值计算。

（　　）11. 车螺纹宜采用固定转速“G97”为宜。

（　　）12. 螺纹车削时，进给率调整按钮无效。

二、选择题（将正确的答案填在括弧里）

（　　）1. 用 FANUC 系统的指令编程，程序段 G02　X_　Z_　I_　K_；中的 G02 表示________，I 和 K 表示________。

A. 顺时针圆弧插补，圆心相对起点的位置

B. 逆时针圆弧插补，圆心的绝对位置

C. 顺时针圆弧插补，圆心相对终点的位置

D. 逆时针圆弧插补，起点相对圆心的位置

（　　）2. G02　X20　Y20　R－10　F100；所加工的一般是________。

A. 整圆　　B. 夹角≤180°的圆弧

C. 180°＜夹角≤360°的圆弧　　D. 不确定

（　　）3. 暂停 5 秒，下列指令正确的是________。

A. G04　P5000；　　B. G04　P500；

C. G04　P50；　　D. G04　P5；

(　　) 4. 如果某一机床主轴旋转有两个机械挡位，第一挡为 5～500r/min，第二挡为 70～700r/min。当加工工件时，转速只需 500r/min，且使用两挡分别加工时主轴都不超功率，此种情况下，操作机床选________挡。

A. 第二　　B. 第一　　C. 任意　　D. 以上说法均不对

(　　) 5. 车刀的主偏角为________时，它的刀头强度和散热性能最佳。

A. 45°　　B. 75°　　C. 90°　　D. 95°

(　　) 6. 在加工过程中，刀具磨损但能够继续使用，为了不影响工件的尺寸精度，应该进行________。

A. 换刀　　B. 刀具磨损补偿　　C. 修改程序　　D. 改变切削用量

(　　) 7. 程序段 G90　X52　Z－100　R5　F0.3；中，R5 的含义是________。

A. 进给量　　B. 圆锥大、小端的直径差

C. 圆锥大、小端的直径差的一半　　D. 退刀量

(　　) 8. 以下哪个不是车削轴类零件产生尺寸误差的原因。

A. 量具有误差或测量方法不正确。

B. 毛坯余量不匀。

C. 没有进行试切削。

D. 看错图样。

(　　) 9. 用一夹一顶或两顶尖装夹轴类零件，如果后顶尖轴线与主轴轴线不重合，工件会产生________误差。

A. 圆度　　B. 跳动　　C. 圆柱度　　D. 同轴度

(　　) 10. 数控加工工艺特别强调定位加工，所以，在加工时应采用________的原则。

A. 互为基准　　B. 自为基准　　C. 基准统一　　D. 无法判断

(　　) 11. 数控车床能进行螺纹加工，其主轴上一定安装了________。

A. 测速发电机　　B. 脉冲编码器　　C. 温度控制器　　D. 光电管

(　　) 12. 若径向的车削量远大于轴向时，则循环指令宜使用________。

A. G71　　B. G72　　C. G73　　D. G70

(　　) 13. 对采用 FANUC 系统的车床，加工已锻造成形的产品时，循环指令应使用________。

A. G70　　B. G71　　C. G72　　D. G73

三、简答题

1. 简述数控车削加工中刀具补偿的意义。

2. 车削圆弧时，粗加工走刀路线有哪些？请画图表示。

3. 简述数控车削加工程序的编制特点。

4. 试述数控车床加工对刀的详细步骤。

技能训练

加工图示零件。

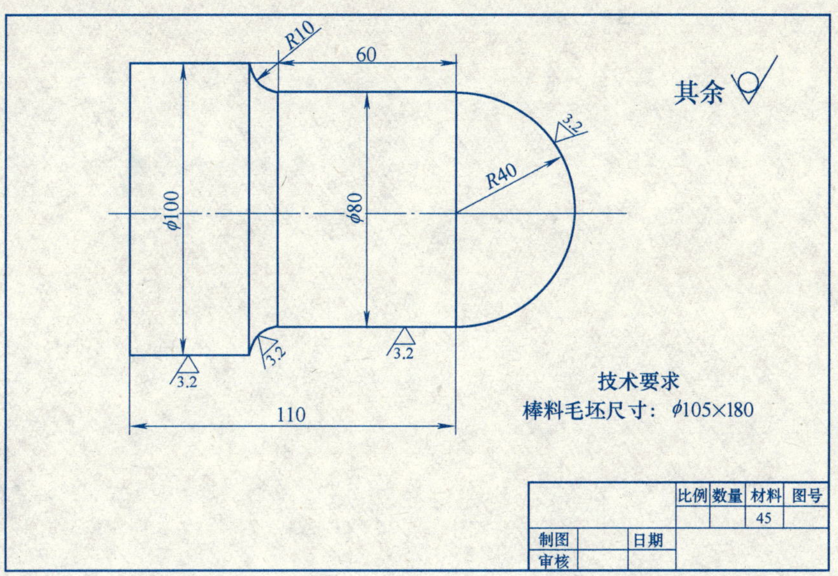

1. 加工路线

2. 程序清单

实训分析

项目	是	否及原因
是否能正确进行开机准备?		
是否能熟练输入、编辑程序?		
程序是否正确?		
是否能正确选择机床和系统?		
是否能正确选择、安装刀具?		
是否能正确根据零件选择、安装毛坯?		
参数设置是否正确?		
对刀是否正确?		
加工过程中有无碰撞?		
是否能正确快速测量加工后的零件?		
零件是否合格?		

学习总结			
在本课题中的收获（已经学会的）			
在本课题中还存在的问题（没有学懂，而希望老师指导的）			
本课题的学习自评等级（优、良、中、差）		学生签名	
教师评价			
总成绩		教师签名	

课题四

数控铣削加工零件平面

<table>
<tr><th colspan="2">授课计划</th></tr>
<tr><td>数控加工技术基础</td><td>总学时：48</td></tr>
<tr><td>数控铣削加工零件平面</td><td>学时：112</td></tr>
<tr><td colspan="2">学习目标
1. 了解数控铣床的结构、分类、加工范围和基本操作。
2. 了解数控加工中心的刀库形式。
3. 了解数控铣刀的种类及使用。
4. 掌握数控铣床的坐标系。
5. 能编制平面类零件的数控加工程序。</td></tr>
</table>

补充阅读材料

一、装夹方案的确定

1. 定位基准的选择

选择定位基准时，应注意减少装夹次数，尽量做到在一次安装中能把零件上所有要加工表面都加工出来。因此，常选择工件上不需铣削的平面和孔作定位基准。对薄板件，选择的定位基准应有利于提高工件的刚性，以减小切削变形。定位基准应尽量与设计基准重合，以减少定位误差对尺寸精度的影响。

2. 夹具的选择

数控铣床及加工中心上所使用的夹具与普通铣床夹具基本相同，但因数控铣床加工的特殊性，所以对夹具的要求也不完全一样。数控夹具设计及组装时应注意以下问题：

1）在数控镗铣及加工中心上，要想合理应用好夹具，首先要对机床的加工特点有比较深刻的理解和掌握，同时还要考虑加工零件的精度、批量大小、制造周期和制造成本等。

2）根据数控镗铣及加工中心的特点和加工需要，目前常用的夹具类型有专用夹具、组合夹具、可调夹具和成组夹具。一般的选择顺序是单件生产中尽量用机用平口钳、压板螺钉等通用夹具；批量生产时优先考虑组合夹具；其次考虑可调夹具，最后选用专用夹具和成组夹具。在生产批量较大时可考虑采用多工位夹具和气动、液压夹具。在选择时要综合考虑各种因素，选择最经济的、最合理的夹具形式。

3）为了简化定位与夹紧，夹具的每个定位面相对加工中心的加工原点，都应有精确的坐标尺寸。

4）为了保持零件安装位置与机床坐标系及编程坐标系方向的一致性，夹具应能保证在机床上实现定向安装，同时还要求能协调零件定位面与机床之间保持一定的坐标尺寸关系。

5）能经短时间的拆卸，改成适合新工件的夹具。

6）夹具应具有尽可能少的元件和较高的刚度。

7）夹具要尽量敞开，夹紧元件的空间位置能低则低，夹具不能和工步刀具轨迹发生干涉。

8）保证在主轴的行程范围内使工件的加工内容全部完成。

9）对于有交互工作台的加工中心，由于工作台的移动、上托、下托和旋转等动作，夹具设计必须防止夹具和机床的空间干涉。

10）尽量在一次装夹中完成所有的加工内容。当非要更换夹紧点时，要特别注意不能因更换夹紧点而破坏定位精度，必要时在工艺文件中说明。

11）夹具底面与工作台的接触，夹具的底面平面度必须保证在 0.01 ~ 0.02mm，表面粗糙度不大于 $Ra3.2\mu m$。

二、切削用量的选择

切削用量包括背吃刀量 a_p、侧吃刀量 a_e、进给速度 v_f 和切削速度 v_c，如图 4-1 所示。

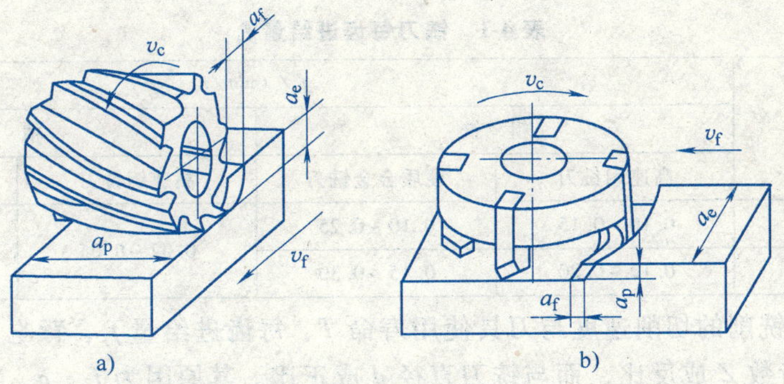

图 4-1 铣削切削用量

a) 圆周铣 b) 端铣

从刀具使用寿命出发，切削用量的选择方法是，先选取背吃刀量或侧吃刀量，其次确定进给速度，最后确定切削速度。

1. 背吃刀量（端铣）或侧吃刀量（圆周铣）

背吃刀量 a_p 为平行于铣刀轴线测量的切削层尺寸，单位为 mm。端铣时，a_p 为切削层深度；而圆周铣时，a_p 为被加工表面的宽度。

侧吃刀量 a_e 为垂直于铣刀轴线测量的切削层尺寸，单位为 mm。端铣时，a_e 为被加工表面宽度；而圆周铣削时，a_e 为切削层深度。

背吃刀量或侧吃刀量的选取主要由加工余量和对表面质量的要求决定。

1）在工件表面粗糙度值要求为 $Ra12.5 \sim 25\mu m$ 时，如果圆周铣削的加工余量小于 5mm，端铣的加工余量小于 6mm，粗铣一次进给就可以达到要求。但在余量较大，工艺系统刚性较差或机床动力不足时，可分两次进给完成。

2）在工件表面粗糙度值要求为 $Ra3.2 \sim 12.5\mu m$ 时，可分粗铣和半精铣两步进行。粗铣时背吃刀量或侧吃刀量选取同前。粗铣后留 0.5 ~ 1.0mm 余量，在半精铣时切除。

3）在工件表面粗糙度值要求为 $Ra0.8 \sim 3.2\mu m$ 时，可分粗铣、半精铣、精铣三步进行。半精铣时背吃刀量或侧吃刀量取 1.5 ~ 2.0mm；精铣时圆周铣侧吃刀量取 0.3 ~ 0.5mm，面铣刀背吃刀量取 0.5 ~ 1.0mm。

2. 进给速度

进给速度 v_f 是单位时间内工件与铣刀沿进给方向的相对位移，单位为 mm/min。它与铣刀转速 n、铣刀齿数 Z 及每齿进给量 f_z（单位为 mm/z）的关系为

$$v_f = f_z Z n$$

每齿进给量 f_z 的选取主要取决于工件材料的力学性能、刀具材料、工件表面粗糙度等因素。工件材料的强度和硬度越高，f_z 越小；反之则越大。硬质合金铣刀的每齿进给量高于同类高速钢铣刀。工件表面粗糙度要求越高，f_z 就越小。每齿进给量的确定可参考表 4-1 选取。工件刚性差或刀具强度低时，应取小值。

3. 切削速度

铣削的切削速度计算公式为

$$v_c = \frac{C_v d^q}{T^m f_z^{y_v} a_p^{x_v} a_e^{p_v} Z^{x_v} 60^{1-m}} K_v$$

表 4-1 铣刀每齿进给量 f_z

工件材料	f_z/（mm/z）			
	粗铣		精铣	
	高速钢铣刀	硬质合金铣刀	高速钢铣刀	硬质合金铣刀
钢	0.10～0.15	0.10～0.25	0.02～0.05	0.10～0.15
铸铁	0.12～0.20	0.15～0.30		

由公式可知铣削的切削速度与刀具使用寿命 T、每齿进给量 f_z、背吃刀量 a_p、侧吃刀量 a_e 以及铣刀齿数 Z 成反比，而与铣刀直径 d 成正比。其原因为 f_z、a_p、a_e 和 Z 增大时，切削刃负荷增加，而且同时工作齿数也增多，使切削热增加，刀具磨损加快，从而限制了切削速度的提高。刀具使用寿命的提高使允许使用的切削速度降低。但是加大铣刀直径 d 则可改善散热条件，因而可提高切削速度。

公式中的系数及指数是经过试验求出的，可参考有关切削用量手册选用。

此外，铣削的切削速度也可简单地参考表 4-2 选取。

表 4-2 铣削时的切削速度

工件材料	硬度（HBW）	切削速度 v_c/（m/min）	
		高速钢铣刀	硬质合金铣刀
钢	<225	18～42	66～150
	225～325	12～36	54～120
	325～425	6～21	36～75
铸铁	<190	21～36	66～150
	190～260	9～18	45～90
	160～320	4.5～10	21～30

三、对刀简介

1. 以毛坯孔或外形的对称中心为对刀位置点

（1）以定心锥轴找孔中心　如图 4-2 所示，根据孔径大小选用相应的定心锥轴，手动操作使锥轴逐渐靠近基准孔的中心，手压移动 Z 轴，使其能在孔中上下轻松移动，记下此时机床坐标系中的 X、Y 坐标值，即为所找孔中心的位置。

（2）用百分表找孔中心　如图 4-3 所示，用磁性表座将百分表粘在机床主轴端面上，手动或低速旋转主轴。然后，手动操作使旋转的表头依 X、Y、Z 的顺序逐渐靠近被测表面，用步进移动方式，逐步降低步进增量倍率，调整移动 X、Y 位置，使得表头旋转一周时，其指针的跳动量在允许的对刀误差内（如 0.02mm），记下此时机床坐标系中的 X、Y 坐标值，即为所找孔中心的位置。

（3）用寻边器找毛坯对称中心　将电子寻边器和普通刀具一样装夹在主轴上，其柄部和触头之间有一个固定的电位差，当触头与金属工件接触时，即通过床身形成回路电流，寻边器上的指示灯就被点亮；逐步降低步进增量，使触头与工件表面处于极限接触（进一步即点亮，退一步则熄灭），即认为定位到工件表面的位置处。

如图 4-4 所示，先后定位到工件正对的两侧表面，记下对应的 x_1、x_2、y_1、y_2 坐标值，

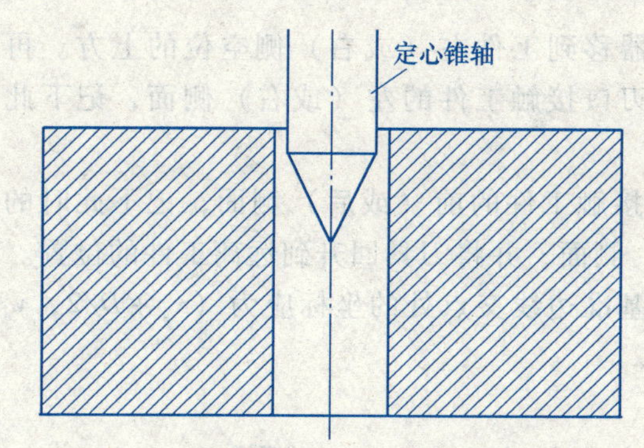

图 4-2　定心锥轴找孔中心

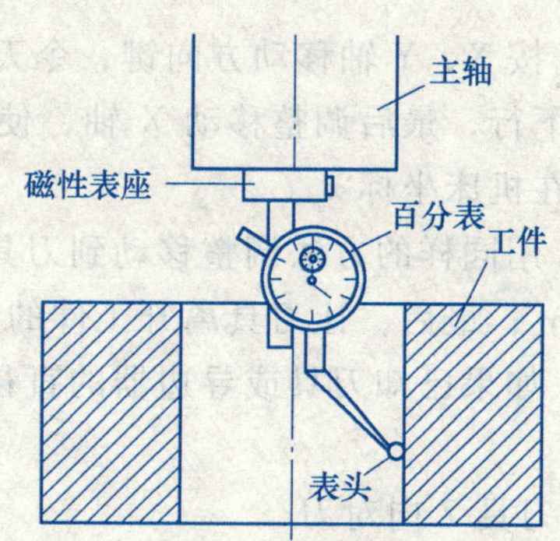

图 4-3　百分表找孔中心

则对称中心在机床坐标系中的坐标应是（$(x_1+x_2)/2$，$(y_1+y_2)/2$）。

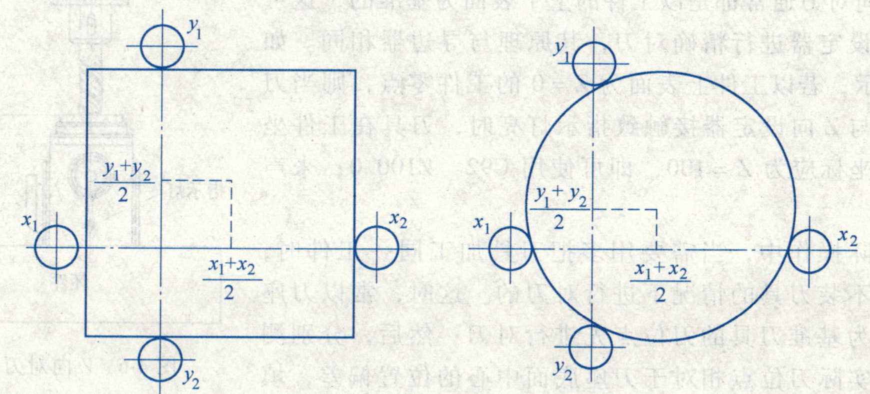
图 4-4　寻边器找对称中心

2. 以毛坯相互垂直的基准边线的交点为对刀位置点

如图 4-5 所示，假定编程原点（或工件原点）预设定在距对刀用的基准表面距离分别为 x_b，y_b，z_b 的位置处。

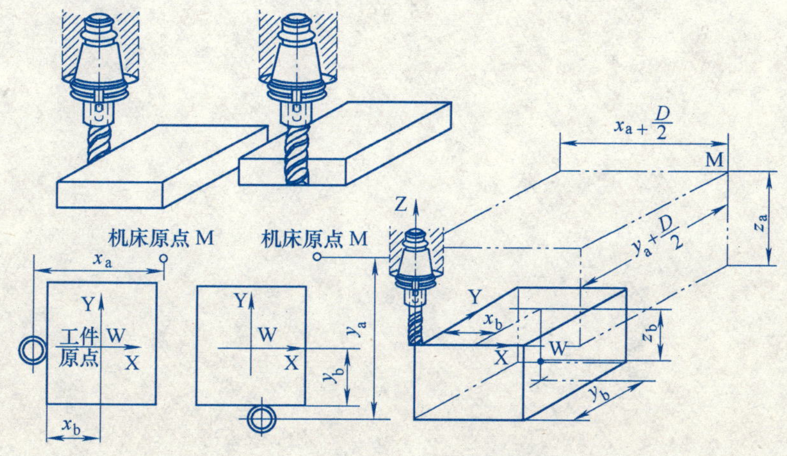

图 4-5　对刀操作时的坐标位置关系

1）按 X、Y 轴移动方向键，令刀具或寻边器移到工件左（或右）侧空位的上方。再让刀具下行，最后调整移动 X 轴，使刀具圆周刃口接触工件的左（或右）侧面，记下此时刀具在机床坐标 x_a。

2）用同样的方法调整移动到刀具圆周刃口接触工件的前（或后）侧面，记下此时的 Y 坐标 y_a；最后，让刀具离开工件的前（或后）侧面，并将刀具回升到远离工件的位置。

3）如果已知刀具或寻边器的直径为 D，则基准边线交点处的坐标应为（$x_a+D/2$，$y_a+D/2$）。

3. 刀具 Z 向对刀

当对刀工具中心（即主轴中心）在 X、Y 方向上对刀完成后，可取下对刀工具，换上基准刀具，进行 Z 向对刀操作。Z 向对刀通常都是以工件的上下表面为基准的，这可利用 Z 向设定器进行精确对刀，其原理与寻边器相同。如图 4-6 所示，若以工件上表面为 Z＝0 的工件零点，则当刀具下表面与 Z 向设定器接触致指示灯亮时，刀具在工件坐标系中的坐标应为 Z＝100，即可使用 G92　Z100.0；来声明。

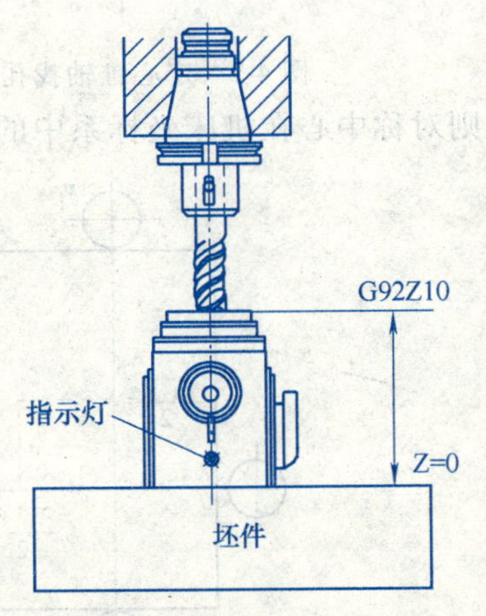

图 4-6　Z 向对刀设定

在实际操作中，当需要用多把刀具加工同一工件时，常常是在不装刀具的情况下进行对刀的。这时，常以刀座底面中心为基准刀具的刀位点先进行对刀；然后，分别测出各刀具实际刀位点相对于刀座底面中心的位置偏差，填入刀具数据库即可；执行程序时由刀具补偿指令功能来实现各刀具位置的自动调整。

自 测 题

一、判断题（正确的在括弧里划√，错误的在括弧里划×）

（　）1. 在卧式铣床上用圆柱铣刀铣削表面有硬皮的毛坯工件平面时应采用顺铣切削。

（　）2. 顺铣是指铣刀的切削速度方向与工件的进给运动方向相反的铣削。

（　）3. 铣削平面宽度为 80mm 的工件，可使用 ϕ100mm 面铣刀。

（　）4. 用立铣刀铣削线成形面时，铣刀直径应根据最小的外圆弧确定。

（　）5. 夹紧力的方向应尽可能和切削力、工件重力平行。

（　）6. 用面铣刀铣削平面时，宜尽量使切屑飞向床身。

（　）7. 端铣刀可用来铣削平面、侧面和阶梯面。

（　）8. 除两刃式端铣刀外，一般端铣刀端面中心无切削作用。

（　）9. 铸铁粗铣工件宜避免采用逆铣法，以免铣刀经常切削到黑皮。

（　）10. 铣削工件时，若面铣刀由原路径退回，宜先提刀。

（　）11. 用设计基准作为定位基准，可以避免基准不重合引起的误差。

（　）12. 铣削用量选择的次序是：铣削速度、每齿进给量、铣削层宽度，最后是铣削层深度。

（　）13. 直径 100mm 的四刃面铣刀以 350r/min 旋转，若进给速度（F）为 250mm/min，则每刃的进给量为 0.71mm/min。

（　）14. 安装机用平口钳时，应校正钳口的平行度及垂直度。

（　）15. 使用阶梯枕及压板夹持工件时，螺栓的位置应尽可能靠近工件。

（　）16. 精铣宜采用多刃端铣刀以得较理想加工表面。

（　）17. 铣削时，宜注意铣刀回转方向。

（　）18. 在可能情况下，铣削平面宜尽量采用较大直径铣刀。

（　）19. 铣刀直径 50mm，以 30m/min 切削速度铣削，其每分钟回转数为 80。

（　）20. 六面刃铣刀，以 80r/min 铣削，如每一刀刃进刀为 0.2mm，则进给速率为 96mm/min。

（　）21. 铣削零件轮廓时进给路线对加工精度和表面质量无直接影响。

（　）22. 整圆不能采用 R 方式编程。

（　）23. G43 指令为刀具补偿正补偿，所以其补偿值必须为正值。

二、选择题（将正确的答案填在括弧里）

（　）1. 以“一面两销”方式定位时，共限制了工件的________个自由度。

A. 六个　　B. 三个　　C. 四个　　D. 五个

（　）2. 铣床上用的机用平口钳属于________。

A. 通用夹具　　B. 专用夹具　　C. 成组夹具

（　）3. 图样中未标注公差尺寸的极限偏差，由相应的技术文件具体规定，一般规定为________。

A. IT10 ~ IT14　　B. IT12 ~ IT18　　C. IT18　　D. IT0

(　　) 4. 在数控铣床的________内设有自动松拉刀装置，能在短时间内完成装刀、卸刀，使换刀较方便。

A. 主轴套筒　　B. 主轴　　C. 套筒　　D. 刀架

(　　) 5. 通常用球头铣刀加工比较平缓的曲面时，表面粗糙度的质量不会很高。这是因为________而造成的。

A. 行距不够密　　B. 步距太小

C. 球头铣刀切削刃不太锋利　　D. 球头铣刀尖部的切削速度几乎为零

(　　) 6. 数控机床由主轴进给镗削内孔时，床身导轨与主轴若不平行，会使加工件的孔出现________误差。

A. 锥度　　B. 圆柱度　　C. 圆度　　D. 直线度

(　　) 7. 周铣时用________方式进行铣削，铣刀的使用寿命较高，获得加工面的表面粗糙度值也较小。

A. 对称铣　　B. 逆铣　　C. 顺铣　　D. 立铣

(　　) 8. 数控铣床上最常用的导轨是________。

A. 滚动导轨　　B. 静压导轨　　C. 贴塑导轨　　D. 塑料导轨

(　　) 9. 数控机床使用的刀具必须具有较高的强度和使用寿命，铣削加工的刀具中，最能体现这两种特性的刀具材料是________

A. 硬质合金　　B. 高速钢　　C. 工具钢　　D. 陶瓷刀片

(　　) 10. 在铣削内槽时，刀具的进给路线采用________较为合理。

A. 行切法　　B. 环切法　　C. 综合行、环切法　D. 都不对

(　　) 11. 对于既要铣面又要镗孔的零件应________。

A. 先镗孔后铣面　　B. 先铣面后镗孔　　C. 同时进行　　D. 无所谓

(　　) 12. 球头铣刀与铣削特定曲率半径的成形曲面铣刀的主要区别在于：球头铣刀的半径通常________加工曲面的曲率半径，成形曲面铣刀的曲率半径________加工曲面的曲率半径。

A. 大于/等于　　B. 大于/小于　　C. 小于/等于　　D. 等于/大于

(　　) 13. 镗削精度高的孔时，粗镗后，在工件上的切削热达到________后再进行精镗。

A. 热平衡　　B. 热变形　　C. 热膨胀　　D. 热伸长

(　　) 14. 加工凹凸不平的零件表面时，精加工一般采用________。

A. 立铣刀　　B. 面铣刀　　C. 球头铣刀　　D. 键槽刀

(　　) 15. 铣刀主偏角对切削力和切削深度影响大，主偏角越小，则________。

A. 切削力越小，切削深度越大　　B. 切削力越大，切削深度越大

C. 切削力越大，切削深度越小　　D. 切削力越小，切削深度越小

(　　) 16. 在铣削零件的底平面时，当铣刀直径 D 一定时，槽底圆角半径对铣削平面的能力是，槽底圆角半径________。

A. 越大，加工效率也高，工艺越好

B. 越小，加工效率也高，工艺越好

C. 大小都一样

D. 越大，加工效率也高，工艺越差

（　　）17. 欲改变工件表面粗糙度，铣削速度宜________。

A. 提高　　B. 降低　　C. 不变　　D. 无关

（　　）18. 平面铣削工件较薄时，进给量应该________。

A. 增加　　B. 减少　　C. 不变　　D. 增减均可

（　　）19. 在铣削工件时，如果铣刀的旋转方向与工件的进给方向相反，称为________。

A. 顺铣　　B. 逆铣　　C. 横铣　　D. 纵铣

（　　）20. X6132 是常用铣床型号，其数字 32 表示________。

A. 工作台面宽度 320mm　　B. 工作台行程 320mm

C. 主轴最高转速 320r/min

（　　）21. 一般的立式铣床刀具长度补偿应设在________。

A. X 轴　　B. Y 轴　　C. Z 轴　　D. A 轴

（　　）22. 若 H01 = 200.0，补偿后要求 Z 轴位移量为 -150.0，则下列哪种正确？

A. G91　G43　Z0　H01；　　B. G91　G44　Z50.0　H01；

C. G91　G43　Z50.0　H01；　　D. G91　G44　Z0　H01；

三、简答题

1. 简述数控铣床的类型，并分别说明其用途。

2. 简述数控铣削的主要加工对象及其特点。

3. 加工中心加工选择定位基准的要求有哪些？应遵循的原则是什么？

4. 简述加工中心与数控铣床的异同点。

5. 简述数控镗、铣过程中的常用刀具及其各自的特点。

6. 简述立式数控铣床和卧式数控铣床结构特点和加工对象。

7. 如图所示，假设加工原点要设置在 A 点，简述加工中心的对刀过程。

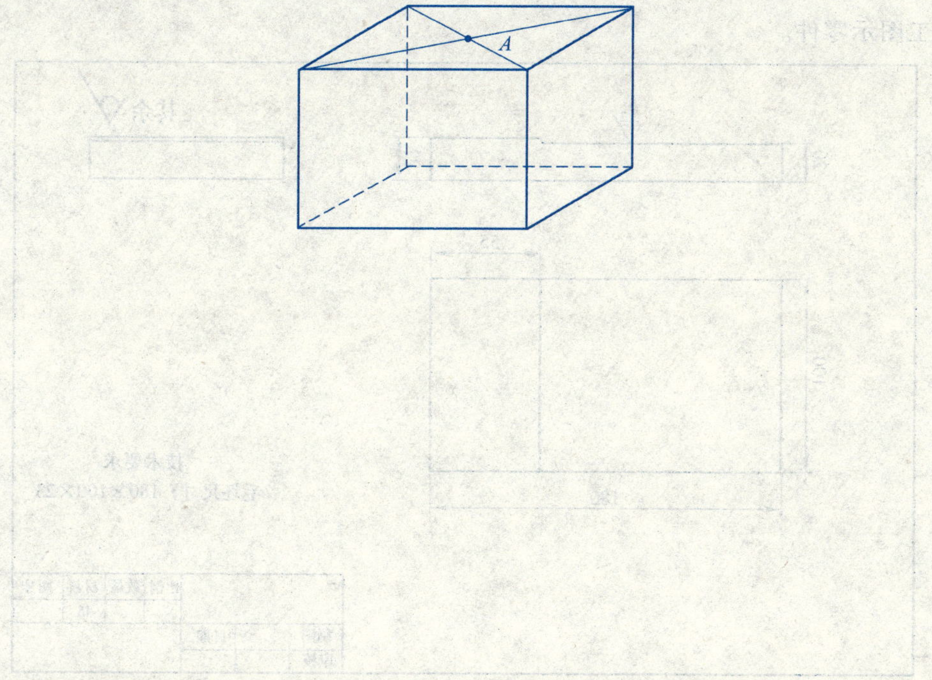

技能训练

加工图示零件。

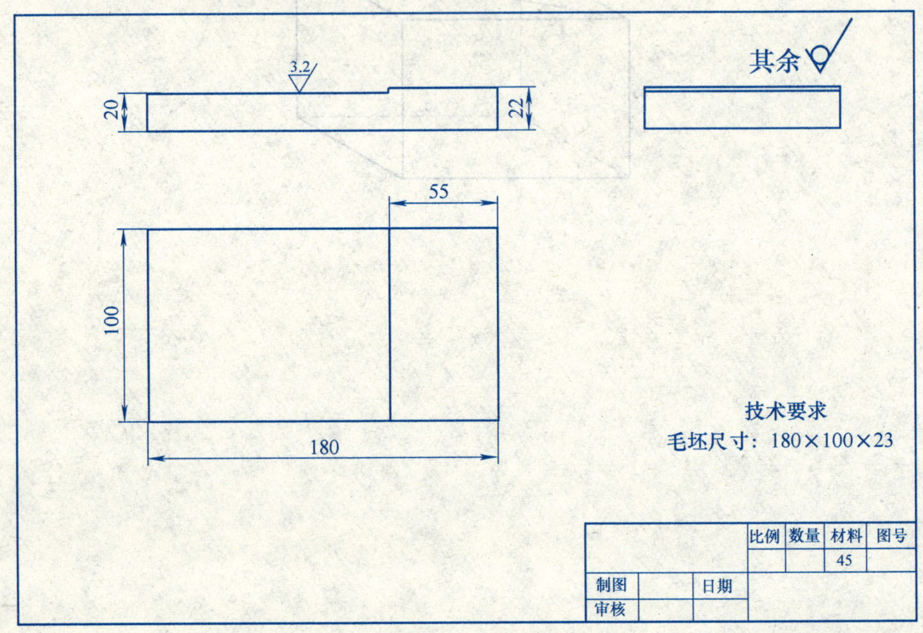

1. 加工路线

2. 程序清单

实训分析

项目	是	否及原因
是否能正确进行开机准备?		
是否能熟练输入、编辑程序?		
程序是否正确?		
是否能正确选择机床和系统?		
是否能正确选择、安装刀具?		
是否能正确根据零件选择、安装毛坯?		
参数设置是否正确?		
对刀是否正确?		
加工过程中有无碰撞?		
是否能正确快速测量加工后的零件?		
零件是否合格?		

<table>
<tr><td colspan="4">学习总结</td></tr>
<tr><td colspan="4">在本课题中的收获（已经学会的）</td></tr>
<tr><td colspan="4">在本课题中还存在的问题（没有学懂，而希望老师指导的）</td></tr>
<tr><td>本课题的学习自评等级（优、良、中、差）</td><td></td><td>学生签名</td><td></td></tr>
<tr><td colspan="4">教师评价</td></tr>
<tr><td>总成绩</td><td></td><td>教师签名</td><td></td></tr>
</table>

课题五

数控铣削加工零件轮廓面

授课计划	
数控加工技术基础	总学时：48
数控铣削加工零件轮廓面	学时：10

学习目标

1. 熟悉数控铣削加工零件轮廓的走刀路线。
2. 掌握应用刀具半径补偿实现轮廓粗、精铣加工方法。
3. 掌握数控铣削加工零件轮廓的程序编制。

补充阅读材料

一、钻孔刀具及其选择

钻孔刀具较多，有普通麻花钻、可转位浅孔钻及扁钻等。应根据工件材料、加工尺寸及加工质量要求等合理选用。

在加工中心上钻孔，大多是采用普通麻花钻。麻花钻有高速钢和硬质合金两种。麻花钻的组成如图 5-1 所示，它主要由工作部分和柄部组成。工作部分包括切削部分和导向部分。

麻花钻的切削部分有两个主切削刃、两个副切削刃和一个横刃。两个螺旋槽是切屑流经的表面，为前刀面；与工件过渡表面（即孔底）相对的端部两曲面为主后刀面；与工件已加工表面（即孔壁）相对的两条刃带为副后刀面。前刀面与主后刀面的交线为主切削刃，前刀面与副后刀面的交线为副切削刃，两个主后刀面的交线为横刃。横刃与主切削刃在端面上投影之间的夹角称为横刃斜角，横刃斜角 $\psi=50°\sim55°$；主切削刃上各点的前角、后角是变化的，外缘处前角约为 30°，钻心处前角接近 0°，甚至是负值；两条主切削刃在与其平行的平面内的投影之间的夹角为顶角，标准麻花钻的顶角 $2\phi=118°$。

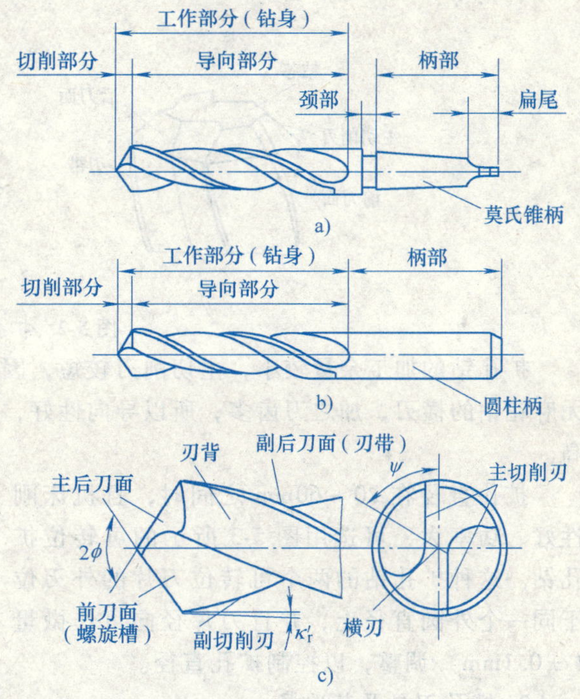

图 5-1　麻花钻的组成

麻花钻导向部分起导向、修光、排屑和输送切削液作用，也是切削部分的后备。

根据柄部不同，麻花钻有莫氏锥柄和圆柱柄两种。直径为 8 ~ 80mm 的麻花钻多为莫氏锥柄，可直接装在带有莫氏锥孔的刀柄内，刀具长度不能调节。直径为小于 20mm 的麻花钻多为圆柱柄，可装在钻夹头刀柄上。中等尺寸麻花钻两种形式均可选用。

麻花钻有标准型和加长型，为了提高钻头刚性，应尽量选用较短的钻头，但麻花钻的工作部分应大于孔深，以便排屑和输送切削液。

在加工中心上钻孔，因无夹具钻模导向，受两切削刃上切削力不对称的影响，容易引起钻孔偏斜，故要求钻头的两切削刃必须有较高的刃磨精度（两刃长度一致，顶角 2ϕ 对称于钻头中心线）。

1. 扩孔刀具及其选择

扩孔多采用扩孔钻，也有采用镗刀扩孔。

标准扩孔钻一般有 3 ~ 4 条主切削刃，切削部分的材料为高速钢或硬质合金，结构形式有直柄式、锥柄式和套式等。图 5-2a、b、c 所示分别为锥柄式高速钢扩孔钻、套式高速钢扩孔钻和套式硬质合金扩孔钻。在小批量生产时，常用麻花钻改制。

扩孔直径较小时，可选用直柄式扩孔钻，扩孔直径中等时，可选用锥柄式扩孔钻，扩孔直径较大时，可选用套式扩孔钻。

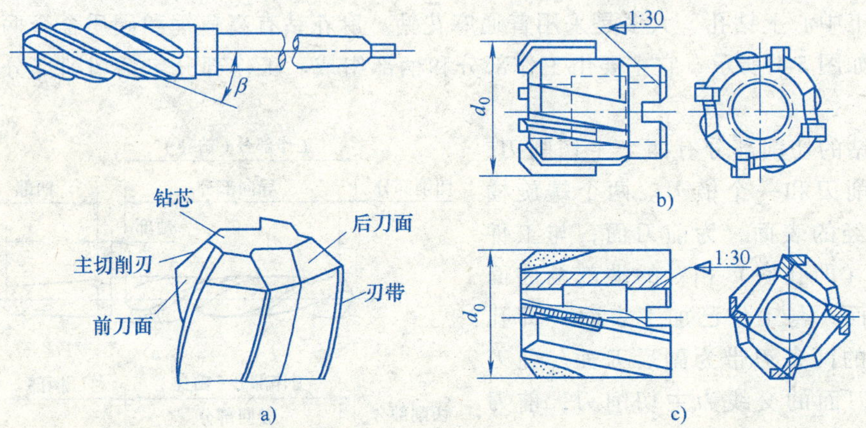

图 5-2　扩孔钻

扩孔钻的加工余量较小，主切削刃较短，因而容屑槽浅、刀体的强度和刚度较好。它无麻花钻的横刃，加之刀齿多，所以导向性好，切削平稳，加工质量和生产率都比麻花钻高。

扩孔直径在 20 ~ 60mm 之间时，且机床刚性好、功率大，可选用图 5-3 所示的可转位扩孔钻。这种扩孔钻的两个可转位刀片的外刃位于同一个外圆直径上，并且刀片径向可作微量（±0.1mm）调整，以控制扩孔直径。

图 5-3　可转位扩孔钻

2. 镗孔刀具及其选择

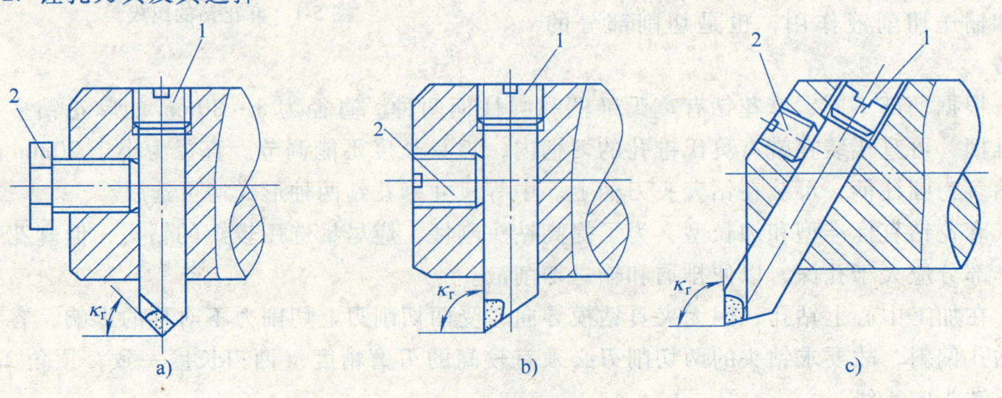

图 5-4　单刃镗刀

a）通孔镗刀　b）阶梯孔镗刀　c）不通孔镗刀

1—调节螺钉　2—紧固螺钉

镗刀种类很多，按切削刃数量可分为单刃镗刀和双刃镗刀。

镗削通孔、阶梯孔和不通孔可分别选用图 5-4 所示的单刃镗刀。

单刃镗刀头结构类似车刀，用螺钉装夹在控杆上。螺钉 1 用于调整尺寸，螺钉 2 起锁紧作用。

单刃镗刀刚性差，切削时易引起振动，所以镗刀的主偏角选得较大，以减小径向力。镗铸铁孔或精镗时，一般取 $\kappa_r=90°$；粗镗钢件孔时，取 $\kappa_r=60°\sim75°$，以提高刀具的使用寿命。

单刃镗刀所镗孔径的大小要靠调整刀具的悬伸长度来保证，调整麻烦，效率低，只能用于单件小批生产。但其结构简单，适应性较广，粗、精加工都适用。

在孔的精镗中，目前较多地选用精镗微调镗刀。这种镗刀的径向尺寸可以在一定范围内进行微调，调节方便，且精度高，其结构如图 5-5 所示。调整尺寸时，先松开拉紧螺钉 6，然后转动带刻度盘的调整螺母 3，等调至所需尺寸，再拧紧螺钉 6，使用时应保证锥面靠近大端接触（即镗杆 90°锥孔的角度公差为负值），且与直孔部分同心。键与键槽配合间隙不能太大，否则微调时就不能达到较高的精度。

镗削大直径的孔可选用图 5-6 所示的双刃镗刀。这种镗刀头部可以在较大范围内进行调整，且调整方便，最大镗孔直径可达 1000mm。

双刃镗刀的两端有一对对称的切削刃同时参加切削，与单刃镗刀相比，每转进给量可提高一倍左右，生产效率高。同时，可以消除切削力对镗杆的影响。

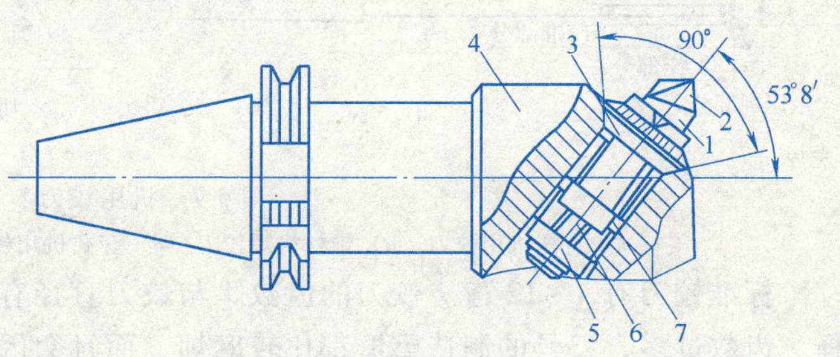

图 5-5　微调镗刀

1—刀体　2—刀片　3—调整螺母　4—刀杆
5—螺母　6—拉紧螺钉　7—导向键

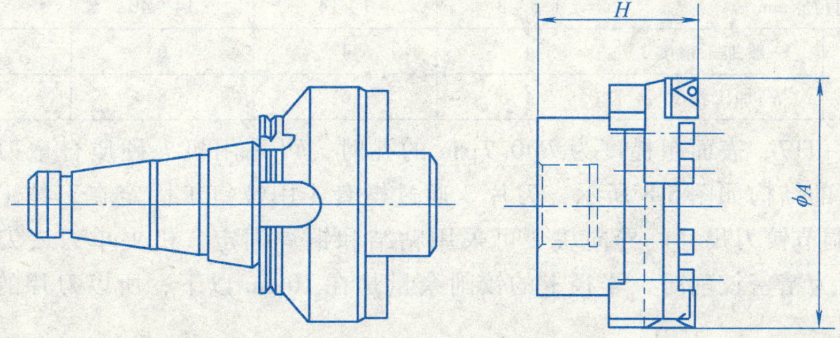

图 5-6　大直径不重磨可调镗刀系统

3. 铰孔刀具及其选择

加工中心上使用的铰刀多是通用标准铰刀。此外，还有机夹硬质合金刀片单刃铰刀和浮动铰刀等。

加工精度为 IT7 ~ IT10 级、表面粗糙度为 $Ra0.8\sim1.6\mu m$ 的孔时，多选用通用标准铰刀。

通用标准铰刀如图 5-7 所示，有直柄、锥柄和套式三种。锥柄铰刀直径为 10 ~ 32mm，直柄铰刀直径为 6 ~ 20mm，小孔直柄铰刀直径为 1 ~ 6 mm，套式铰刀直径为 25 ~ 80mm。

铰刀工作部分包括切削部分与校准部分。切削部分为锥形，担负主要切削工作。切削部分的主偏角为 5° ~ 15°，前角一般为 0°，后角一般为 5° ~ 8°。校准部分的作用是校正孔径、修光孔壁和导向。为此，这部分带有很窄的刃带（$\gamma_o = 0°$，$\alpha_o = 0°$）。校准部分包括圆柱部分和倒锥部分。圆柱部分保证铰刀直径和便于测量，倒锥部分可减少铰刀与孔壁的摩擦和减小孔径扩大量。

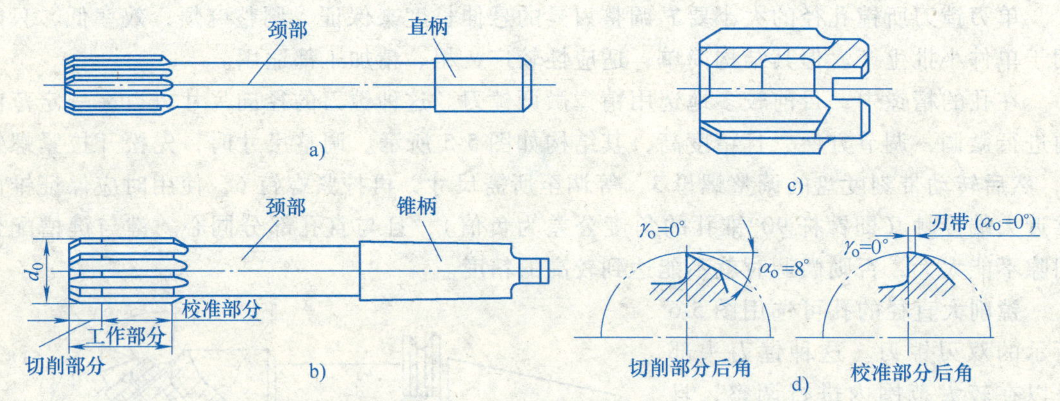

图 5-7 机用铰刀

a）直柄机用铰刀 b）锥柄机用铰刀 c）套式机用铰刀 d）切削校准部分角度

标准铰刀有 4 ~ 12 齿。铰刀的齿数除与铰刀直径有关外，主要根据加工精度的要求选择。齿数过多，刀具的制造重磨都比较麻烦，而且会因齿间容屑槽减小，而造成切屑堵塞和划伤孔壁以致使铰刀折断的后果。齿数过少，则铰削时的稳定性差，刀齿的切削负荷增大，且容易产生几何形状误差。铰刀齿数可参照表 5-1 选择。

表 5-1 铰刀齿数选择

铰刀直径/mm		1.5 ~ 3	3 ~ 14	14 ~ 40	>40
齿数	一般加工精度	4	4	6	8
	高加工精度	4	6	8	10 ~ 12

加工 IT5 ~ IT7，表面粗糙度为 *Ra*0.7μm 的孔时，可采用机夹硬质合金刀片的单刃铰刀。这种铰刀的结构如图 5-8 所示，刀片 3 通过楔套 4 用螺钉 1 固定在刀体上，通过螺钉 7、销子 6 可调节铰刀尺寸。导向块 2 可采用粘结和铜焊固定。机夹单刃铰刀应有很高的刃磨质量。因为精密铰削时，半径上的铰削余量是在 10μm 以下，所以刀片的切削刃口要磨得异常锋利。

铰削精度为 IT6 ~ IT7，表面粗糙度为 *Ra*0.8 ~ 1.6μm 的大直径通孔时，可选用专为加工中心设计的浮动铰刀。

图 5-9 所示为加工中心上使用的浮动铰刀。在装配时，先根据所要加工孔的大小调节好铰刀体 2，在铰刀体插入刀杆体 1 的长方孔后，在对刀仪上找正两切削刃与刀杆轴的对称度在 0.02 ~ 0.05mm 以内，然后，移动定位滑块 5，使圆锥端螺钉 3 的锥端对准刀杆体上的定位窝，拧紧螺钉 6 后，调整圆锥端螺钉，使铰刀体有 0.04 ~ 0.08mm 的浮动量（用

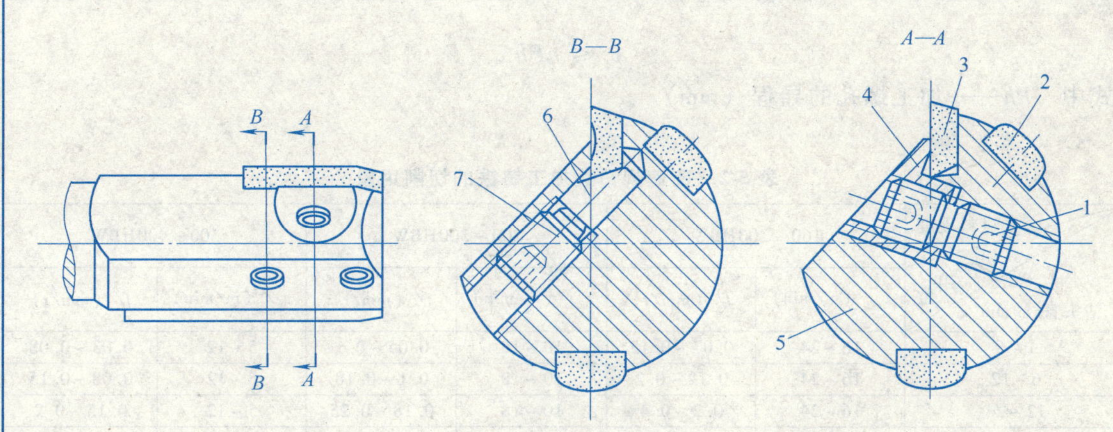

图 5-8　硬质合金单刃铰刀

1、7—螺钉　2—导向块　3—刀片　4—模套　5—刀体　6—销子　7—螺钉

对刀仪观察），调整好后，将螺母 4 拧紧。

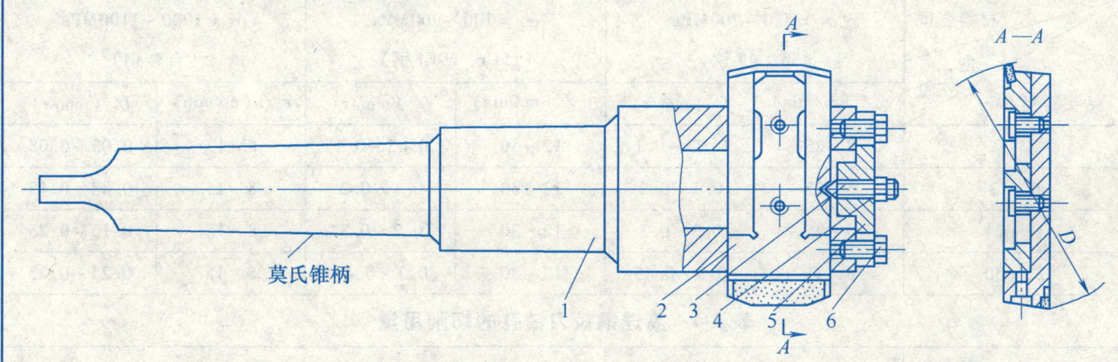

图 5-9　加工中心上使用的浮动铰刀

1—刀杆体　2—可调式浮动铰刀体　3—圆锥端螺钉

4—螺母　5—定位滑块　6—螺钉

浮动铰刀既能保证在换刀和进刀过程中刀片不会从刀杆的长方孔中滑出，又能较准确地定心。它有两个对称刃，能自动平衡切削力，在铰削过程中又能自动抵偿因刀具安装误差或刀杆的径向跳动而引起的加工误差，因而加工精度稳定。浮动铰刀的使用寿命比高速钢铰刀高 8 ~ 10 倍，且具有直径调整的连续性。

二、切削用量的选择

切削用量应在机床说明书允许的范围之内，查阅手册并结合经验确定。表 5-2 ~ 表 5-6 中列出了部分孔加工切削用量，供选择时参考。

主轴转速 n（单位为 r/min）根据选定的切削速度 v_c（单位为 m/min）和加工直径或刀具直径来计算，即

$$n = \frac{1000v_c}{\pi d}$$

式中　d——加工直径或刀具直径（mm）。

攻螺纹时进给量的选择决定于螺纹的导程，由于使用了带有浮动功能的攻螺纹夹头，攻螺纹时工作进给速度 v_f（单位为 mm/min）可略小于理论计算值，即

$$v_f \leqslant nPh$$

式中　Ph——加工螺孔的导程（mm）。

表 5-2　高速钢钻头加工铸铁的切削用量

材料硬度 / 切削用量 / 钻头直径/mm	160～200HBW		200～300HBW		300～400HBW	
	v_c/（m/min）	f/（mm/r）	v_c/（m/min）	f/（mm/r）	v_c/（m/min）	f/（mm/r）
1～6	16～24	0.07～0.12	10～18	0.05～0.1	5～12	0.03～0.08
6～12	16～24	0.12～0.2	10～18	0.1～0.18	5～12	0.08～0.15
12～24	16～24	0.2～0.4	10～18	0.18～0.25	5～12	0.15～0.2
22～50	16～24	0.4～0.8	10～18	0.25～0.4	5～12	0.2～0.3

注：采用硬质合金钻头加工铸铁时取 v_c = 20～30mm/min。

表 5-3　高速钢钻头加工钢件的切削用量

材料强度 / 切削用量 / 钻头直径/mm	σ_b = 520～700MPa（35、45 钢）		σ_b = 700～900MPa（15Cr、20Cr 钢）		σ_b = 1000～1100MPa（合金钢）	
	v_c/（m/min）	f/（mm/r）	v_c/（m/min）	f/（mm/r）	v_c/（m/min）	f/（mm/r）
1～6	8～25	0.05～0.1	12～30	0.05～0.1	8～15	0.03～0.08
6～12	8～25	0.1～0.2	12～30	0.1～0.2	8～15	0.08～0.15
12～24	8～25	0.2～0.3	12～30	0.2～0.3	8～15	0.15～0.25
22～50	8～25	0.3～0.45	12～30	0.3～0.45	8～15	0.25～0.35

表 5-4　高速钢铰刀铰孔的切削用量

工件材料 / 切削用量 / 钻头直径/mm	铸铁		钢及合金钢		铝铜及其合金	
	v_c/（m/min）	f/（mm/r）	v_c/（m/min）	f/（mm/r）	v_c/（m/min）	f/（mm/r）
6～10	2～6	0.3～0.5	1.2～5	0.3～0.4	8～12	0.3～0.5
10～15	2～6	0.5～1	1.2～5	0.4～0.5	8～12	0.5～1
15～25	2～6	0.8～0.15	1.2～5	0.5～0.6	8～12	0.8～0.15
25～40	2～6	0.8～0.15	1.2～5	0.4～0.6	8～12	0.8～0.15
40～60	2～6	1.2～1.8	1.2～5	0.5～0.6	8～12	1.5～2

注：采用硬质合金铰刀铰铸铁时取 v_c = 8～10mm/min，铰铝时 v_c = 12～15mm/min。

表 5-5　铰孔切削用量

工序	工件材料 / 切削用量 / 刀具材料	铸铁		钢		铝及其合金	
		v_c/（m/min）	f/（mm/r）	v_c/（m/min）	f/（mm/r）	v_c/（m/min）	f/（mm/r）
粗镗	高速钢 硬质合金	20～25 35～50	0.4～1.5	15～30 50～70	0.35～0.7	100～150 100～250	0.5～0.15
半精镗	高速钢 硬质合金	20～35 50～70	0.15～0.45	15～50 95～135	0.15～0.45	100～200	0.2～0.5

（续）

工序 \ 刀具材料 \ 切削用量 \ 工件材料		铸铁		钢		铝及其合金	
		v_c/（m/min）	f/（mm/r）	v_c/（m/min）	f/（mm/r）	v_c/（m/min）	f/（mm/r）
精镗	高速钢 硬质合金	70～90	D1 级＜0.08 D 级 0.12～0.15	100～135	0.12～0.15	150～400	0.06～0.1

注：当采用高精度的镗头镗孔时，由于余量较小，直径余量不大于 0.2mm，切削速度可提高一些，铸铁件为 100～150mm/min，钢件为 150～250mm/min，铝合金为 200～400mm/min，巴氏合金为 250～500mm/min。进给量可在 0.03～0.1mm/r 范围内。

表 5-6　铰孔切削用量

工件材料	铸铁	钢及其合金	铝及其合金
v_c/（m/min）	2.5～5	1.5～5	5～15

三、孔加工循环介绍

孔加工是数控加工中最常见的加工工序，数控铣床和加工中心通常都具有能完成钻孔、镗孔、铰孔和攻螺纹等加工的固定循环功能。此处介绍的固定循环功能指令，即是针对各种孔的加工，用一个 G 代码即可完成。该类指令为模态指令，使用它编程加工孔时，只需给出第一个孔加工的所有参数，接着加工孔，凡与第一个孔有相同的参数均可省略，这样可极大提高编程效率，而且使程序变得简单易读。表 5-7 列出了这些指令的基本含义。

表 5-7　固定循环功能指令一览表

指　令	-Z 方向进刀	孔底位置的动作	+Z 方向退刀	用　途
G73	间歇进给		快速移动	高速深孔啄钻循环
G74	切削进给	主轴停止→主轴正转	切削进给	攻左螺纹循环
G76	切削进给	主轴定向停止	快速移动	精镗孔循环
G80				固定循环取消
G81	切削进给		快速移动	钻孔循环
G82	切削进给	暂停	快速移动	沉孔钻孔循环
G83	间歇进给		快速移动	深孔啄钻循环
G84	切削进给	主轴停止→主轴反转	切削进给	攻右螺纹循环
G85	切削进给		切削进给	铰孔循环
G86	切削进给	主轴停止	快速移动	镗孔循环
G87	切削进给	主轴停止	快速移动	背镗孔循环
G88	切削进给	暂停→主轴停止	手动操作	镗孔循环
G89	切削进给	暂停	切削进给	镗孔循环

1. 固定循环的基本动作

孔加工固定循环一般由下述六个动作组成，如图 5-10 所示。

动作 1：X 轴和 Y 轴定位，使刀具快速定位到孔加工的位置。

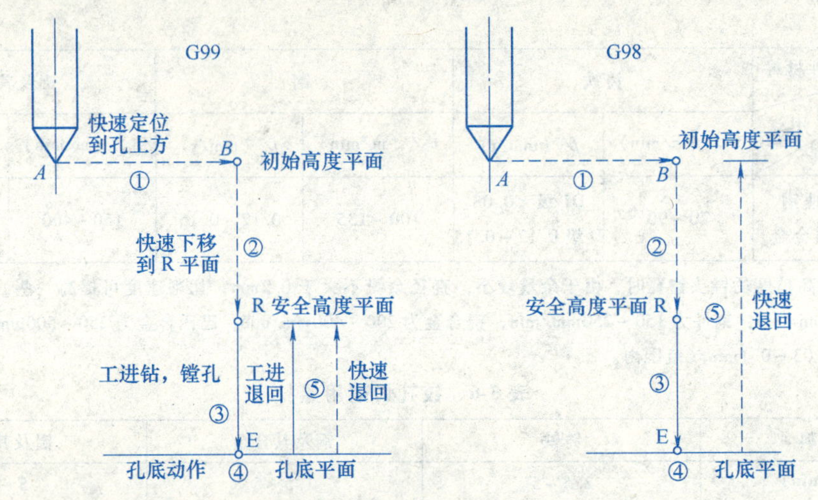

图 5-10 孔加工动作

动作 2：快进到 R 点，刀具自初始点快速进给到 R 点（Reference point）。

动作 3：孔加工，以切削进给的方式执行孔加工的动作。

动作 4：孔底动作，包括暂停、主轴准停、刀具移位等动作。

动作 5：返回到 R 点，继续加工其他孔且可以安全移动刀具时选择返回 R 点。

动作 6：返回到起始点，孔加工完成后一般应选择返回起始点。

使用固定循环时应注意：

1）固定循环指令中地址 R 与地址 Z 的数据指定与 G90 或 G91 的方式选择有关。选择 G90 方式时 R 与 Z 一律取其终点坐标值；选择 G91 方式时则 R 是指自起始点到 R 点间的距离。

2）起始点是为安全下刀而规定的点。该点到零件表面的距离可以任意设定在一个安全的高度上。当使用同一把刀具加工若干孔时，只有孔间存在障碍需要跳跃或全部孔加工完毕时，才使用 G98 功能使刀具返回到起始点。

3）R 点又叫参考点，是刀具下刀时自快进转为工进的转换起点。距工件表面的距离主要考虑工件表面尺寸的变化，一般可取 2～5mm。使用 G99 时，刀具将返回到该点。

4）加工不通孔时孔底平面就是孔底的 Z 轴高度；加工通孔时一般刀具还要伸出工件底平面一段距离，这主要是保证全部孔深都加工到规定尺寸。钻削加工时还应考虑钻头尖对孔深的影响。

5）孔加工循环与平面选择指令（G17、G18 或 G19）无关，即无论选择哪个平面，孔加工都是在 XY 平面上定位并在 Z 轴方向上加工孔。

2. 孔加工固定循环

指令格式：G98/G99　G_　X_　Y_　Z_　R_　Q_　P_　F_　L_；

说明：

1）G_是孔加工固定循环指令，即 G73～G89。

2）X、Y 指定孔在 XY 平面的坐标位置（增量或绝对值）。

3）Z 指定孔底坐标值。用增量方式时，是 R 点到孔底的距离；用绝对值方式时，是孔底的 Z 坐标值。

4）R 在增量方式中是指起始点到 R 点的距离；而在绝对值方式中是指 R 点的 Z 坐标值。

5）Q 在 G73、G83 中，是用来指定每次进给的深度；在 G76、G87 中指定刀具位移量。

6）P 用来指定暂停的时间，最小单位为 1ms。

7）F 为切削进给的进给量。

8）L 用来指定固定循环的重复次数。只循环一次时 L 可不指定。

9）G73 ~ G89 是模态指令。一旦指定，一直有效，直到出现其他孔加工固定循环指令，或固定循环取消指令（G80），或 G00、G01、G02、G03 等插补指令时才失效。因此，多孔加工时该指令只需指定一次。以后的程序段只需给出孔的位置即可。

10）固定循环中的参数（Z、R、Q、P、F）是模态的，当变更固定循环方式时，被使用的参数可以继续使用，不需重设。但中间如果隔有 G80 或 G01、G02、G03 指令，不受固定循环的影响。

11）在使用固定循环编程时一定要在前面程序段中指定 M03（或 M04），使主轴起动。

12）若在固定循环指令程序段中同时指定一后指令 M 代码（如 M05、M09），则该 M 代码并不是在循环指令执行完成后才被执行，而是执行完循环指令的第一个动作（X、Y 轴向定位）后，即被执行。因此，固定循环指令不能和后指令 M 代码同时出现在同一程序段。

13）当用 G80 指令取消孔加工固定循环后，那些在固定循环之前的插补模态（如 G00、G01、G02、G03）恢复，M05 指令也自动生效（G80 指令可使主轴停转）。

14）在固定循环中，刀具半径补偿指令（G41、G42）无效。刀具长度补偿指令（G43、G44）有效。

3. 固定循环指令介绍

（1）高速深孔啄钻循环指令（G73）

指令格式：G73　X_ Y_　Z_　R_　Q_　F_；

G73 用于高速深孔钻削，一般孔深大于 5 倍直径孔的加工是深孔加工。如图 5-11a 所示，每次背吃刀量为 *q*（用增量表示，在指令中给定）；退刀量为 *d*，由 NC 系统内部通过参数设定。G73 指令在钻孔时是间歇进给，有利于断屑、排屑，适用于深孔加工。

（2）攻左旋螺纹循环指令（G74）

指令格式：G74　X_　Y_　Z_　R_ F_；

G74 用于左旋攻螺纹，如图 5-11b 所示，执行过程中，注意以下几点：

1）主轴反转进刀，正转退刀。

2）执行 G74 时，百分率进给调整无效，调整自动变为 100%。

3）主轴转速与进给速度成严格的比例关系。

4）R 点应选择离工件表面比较远的位置。

5）攻螺纹过程要求主轴转速与进给速度成严格的比例关系，否则就会乱扣，因此要求编程序时根据主轴转速计算进给速度。 攻螺纹的进给速度为 F（mm/mim） = 螺纹导程

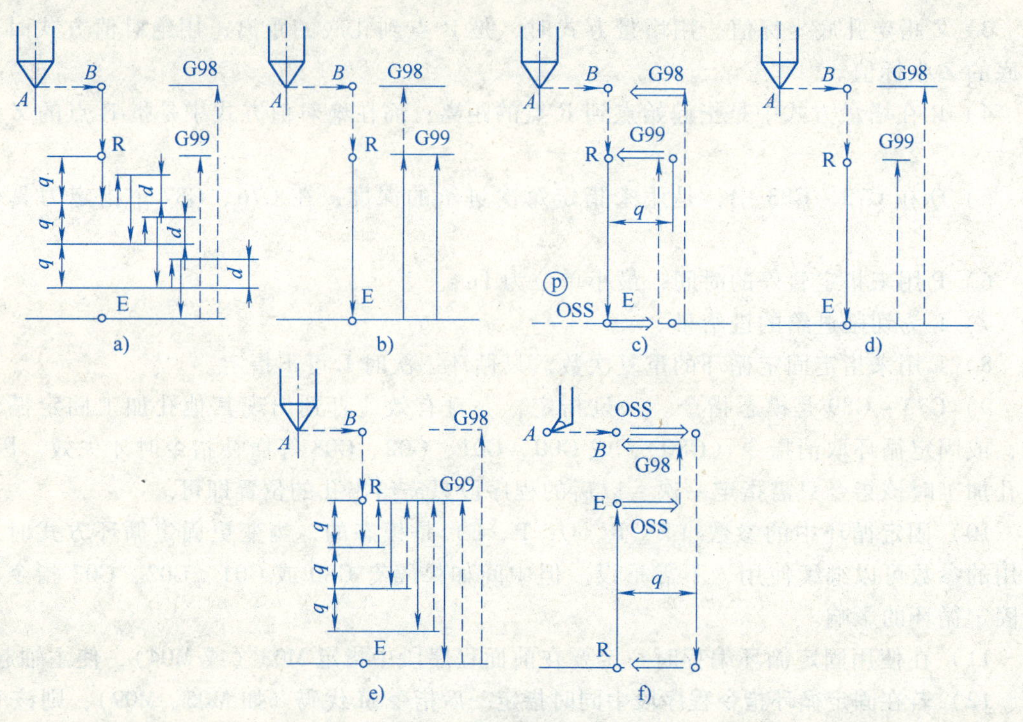

图 5-11 孔加工循环指令

a) G73 b) G74 c) G76 d) G81 e) G83 f) G87

Ph（mm）×主轴转速 *n*（r/min）。

（3）精镗孔循环指令（G76）

指令格式：G76 X_ Y_ Z_ Q_ P_ F_；

G76 用于精镗孔，如图 5-11c 所示，q 表示镗孔至 Z 指定深度后，主轴定向停止，镗刀刀尖偏移加工面偏移量。Q 一定为正值，偏移方向可用参数设定 +X、+Y、-X 及 -Y 的任何一个方向。

（4）钻孔循环指令（G81）

指令格式：G81 X_ Y_ Z_ R_ F_；

G81 用于一般钻孔循环，用于定点钻，如图 5-11d 所示。

注意：

1）该指令一般用于加工孔深小于 5 倍直径的孔。

2）钻中心孔要把 60°锥面钻出一些，主要是正确引导钻头引钻。

3）钻通孔时，要加深钻头深度。

（5）沉孔钻孔循环指令（G82）

指令格式：G82 X_ Y_ Z_ R_ P_ F_；

G82 用于钻孔、镗孔。动作过程和 G81 类似，但该指令将使刀具在孔底暂停，暂停时间由 P 指定。孔底暂停可确保孔底平整。常用于做锪孔、做沉头台阶孔。

（6）深孔啄钻循环指令（G83）

指令格式：G83 X_ Y_ Z_ R_ Q_ F_；

G83 用于深孔钻削。如图 5-11e 所示，q、d 与 G73 相同，G83 和 G73 的区别是，G83 指令在每次进刀 q 深度后都返回安全平面高度处，再下去作第二次进给，这样更有利于钻深孔时的排屑。本指令适合于加工较深的孔。

（7）攻右旋螺纹循环指令（G84）

指令格式：G84　X_　Y_　Z_　R_　F_；

G84 用于右旋攻螺纹。G84 指令和 G74 指令中的主轴转向相反，其他和 G74 相同。

（8）铰孔循环指令（G85）

指令格式：G85　X_　Y_　Z_　R_　F_；

G85 用于镗孔。动作过程和 G81 一样，G85 进刀和退刀时都为工进速度，但返回行程中，从 Z 到 R 段为切削进给，以保证孔壁光滑。

（9）粗镗孔循环指令（G86）

指令格式：G86　X_　Y_　Z_　R_　F_；

G86 用于镗孔。动作过程和 G81 类似，但 G86 进刀到孔底后将使主轴停转，然后快速退回安全平面或初始平面。由于退刀前没有让刀动作，快速回退时可能划伤已加工表面，因此只用于粗镗。

（10）反镗孔循环指令（G87）

指令格式：G86　X_　Y_　Z_　R_　F_；

G87 用于反向镗孔，如图 5-11f 所示。

其动作过程如下：

1）镗刀快速定位到镗孔加工循环起始点 B（X，Y）。

2）主轴准停、刀具沿刀尖的反方向偏移。

3）快速运动到孔底位置。

4）刀尖正方向偏移回加工位置，主轴正转。

5）刀具向上进给，到参考平面 R。

6）主轴准停，刀具沿刀尖的反方向偏移 Q 值。

7）镗刀快速退出到初始平面 B。

8）沿刀尖正方向偏移。

（11）取消固定循环指令（G80）

指令格式：G80；

当固定循环指令不再使用时，应用 G80 指令取消固定循环，而回复到一般指令状态（如 G00、G01、G02、G03 等），此时固定循环指令中的孔加工数据（如 Z 点、R 点值等）也被取消。

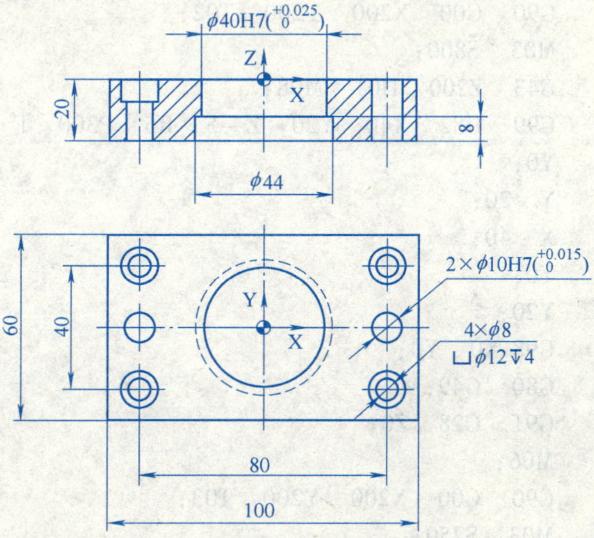

图 5-12　孔加工举例

［例］　分析图 5-12 所示零件的加工工步，并编写其加工程序。

（1）加工工步

工步 1：中心钻 ϕ2.5 确定各孔位置。

工步 2：钻 4 × ϕ8mm 孔。

工步 3：钻 2 × ϕ10H7、ϕ40H7、ϕ44mm 孔至 ϕ9.5mm。

工步 4：扩钻 ϕ40H7 孔至 ϕ38mm。

工步 5：锪钻 4 × ϕ8mm 沉孔。

工步 6：精镗 ϕ40H7 通孔。

工步 7：背镗 ϕ44mm 孔。

（2）刀具及切削参数表

刀具号	刀具名称	长度补偿号	切削速度（m/min）	进给量（mm/r）
T01	中心钻 ϕ2.5	H01	20	0.1
T02	麻花钻 ϕ8mm	H02	20	0.15
T03	麻花钻 ϕ9.5mm	H03	20	0.2
T04	麻花钻 ϕ38mm	H04	30	0.3
T05	锪钻 ϕ12mm	H05	20	0.15
T06	镗刀 ϕ40H7	H06	60	0.15
T07	背镗刀 ϕ44mm	H07	60	0.15
T08	机铰刀 ϕ10H7	H08	20	0.2

（3）参考程序

```
O0005;
G17   G21   G40   G49   G54   G80   G90;
G91   G28   Z0   T01;
M06;                                              //换中心钻
G90   G00   X200   Y200   T02;
M03   S800;
G43   Z200   H01   M08;                           //刀具长度补偿
G99   G82   X40   Y20   Z-5   R5   P300   F  80;  //钻孔循环，孔底延时
Y0;
Y-20;
X-40;
Y0;
Y20;
G98 X0   Y0;
G80   G49;
G91   G28   Z0;
M06;                                              //换麻花钻 φ8mm
G90   G00   X200   Y200   T03;
M03   S750;
G43   Z200   H02   M08;                           //刀具长度补偿
G99   G81   X40   Y20   Z-25   R5   F120;         //钻 4×φ8mm 通孔
Y-20;
```

```
X -40;
G98  Y20;
G80  G49;
G91  G28  Z0;
M06;                                         //换麻花钻 φ9.5mm
G90  G00  X200  Y200  T04;
M03  S750;
G43  Z200  H03  M08;                         //刀具长度补偿
G99  G80  X40  Y0  Z-25  R5  F150;           //钻 2×φ10H7 底孔及中心底孔
X0;
G98  X-40;
G80  G49;
G91  G28  Z0;
M06;                                         //换麻花钻 φ38mm
G90  G00  X200  Y200  T05;
M03  S260;
G43  Z200  H04  M08;                         //刀具长度补偿
G98  X0  Y0  Z-35  R5  F80;                  //扩 φ40H7 至 φ38mm
G80  G49;
G91  G28  Z0;
M06;                                         //换锪钻 φ12mm
G90  G00  X200  Y200  T06;
M03  S500;
G43  Z200  H05  M08;                         //刀具长度补偿
G99  G81  X40  Y20  Z-7  R5;                 //钻 4×φ12mm 沉孔
Y-20;
X-40;
Z200  H04  M08;
G98  X0  Y0  Z-35  R5  F80;
G80  G49;
G91  G28  Z0;
M06;
G90  G00  X200  Y200  T06;
M03  S500;
G43  Z200  H05  M08;
G99  G81  X40  Y20  Z-7  R5;
Y-20;
```

```
X -40;
G98  Y20;
G80  G49;
G91  G28  Z0;
M06;                                                    //换镗刀 φ40H7
G90  G00  X200  Y200  T07;
M03  S450;
G43  Z200  H06  M08;                                    //刀具长度补偿
G98  G85  X0  Y0  Z-25  R5  F70;                        //精镗 φ40H7
G80  G49;
G91  G28  Z0;
M06;                                                    //换背镗刀 φ44mm
G90  G00  X200  Y200  T08;
M03  S450;
G43  Z200  H07  M08;                                    //刀具长度补偿
G98  G87  X0  Y0  Z-12  R-25  Q2.5  P1000  F70;
                                                        //反镗 φ44mm 孔
G80  G49;
G91  G28  Z0;
M06;                                                    //换机铰刀 φ10H7
G90  G00  X200  Y200  T01;
M03  S600;
G43  Z200  H08  M08;                                    //刀具长度补偿
G99  G85  X20  Y0  Z-5  F120;                           //铰 2×φ10H7 孔
G98  X-20;
G80  G49;
G91  G28  Z0;
M30;
```

四、刀具刀柄介绍

TSG 工具系统中的刀柄，其代号由四部分组成，各部分的含义如图 5-13 所示。

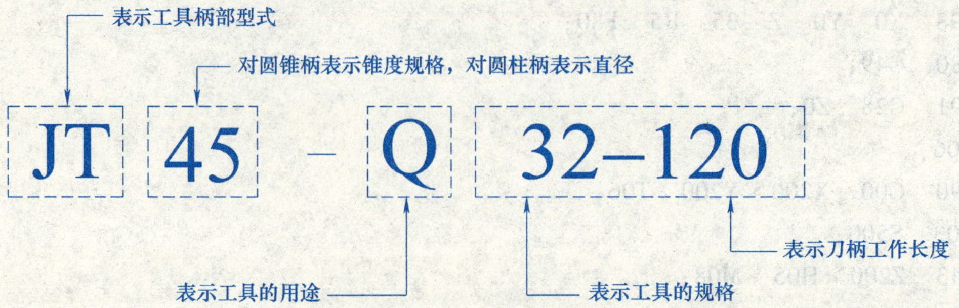

图 5-13　刀柄代号

上述代号表示的工具为自动换刀机床用 7∶24 圆锥工具柄（GB 10944）。柄部型式为 JT；锥柄为 45 号；前部为弹簧夹头，最大夹持直径为 32 mm；刀柄工作长度（锥柄大端直径处到弹簧夹头前端面的距离）为 120mm。

TSG 工具刀柄的型式代号及规格参数分类见表 5-8 和表 5-9。

表 5-8　工具柄部型式代号

代号	工具柄部型式	
JT	自动换刀机床用 7∶24 圆锥工具柄	GB/T 10944
BT	自动换刀机床用 7∶24 圆锥 BT 型工具柄	JIS B6339
ST	手动换刀机床用 7∶24 圆锥工具柄	GB/T 3837
MT	带扁尾莫氏圆锥工具柄	GB/T 1443
MW	带扁尾莫氏圆锥工具柄	GB/T 1443
ZB	直柄工具柄	GB/T 6131

表 5-9　工具的用途代号及规格参数

用途代号	用途	规格参数表示的内容
J	装直柄接杆工具	装接杆孔直径—刀柄工作长度
Q	弹簧夹头	最大夹持直径—刀柄工作长度
XP	装削平型直柄工具	装刀孔直径—刀柄工作长度
Z	装莫氏短锥钻夹头	莫氏短锥号—刀柄工作长度
ZJ	装莫氏锥度钻夹头	贾氏锥柄号—刀柄工作长度
M	装带扁尾莫氏圆锥柄工具	莫氏锥柄号—刀柄工作长度
MW	装无扁尾莫氏圆锥柄工具	莫氏锥柄号—刀柄工作长度
MD	装短莫氏圆锥柄工具	莫氏锥柄号—刀柄工作长度
JF	装浮动绞刀	绞刀块宽度—刀柄工作长度
G	攻螺纹夹头	最大攻螺纹规格—刀柄工作长度
TQW	倾斜型微调镗刀	最小镗孔直径—刀柄工作长
TS	双刃镗刀	最小镗刀直径—刀柄工作长度
TZC	直角型粗镗刀	最小镗孔直径—刀柄工作长度
TQC	倾斜型粗镗刀	最小镗孔直径—刀柄工作长度
TF	复合镗刀	小孔直径/大孔直径—孔工作长度
TK	可调镗刀头	装刀孔直径—刀柄工作长度
XS	装三面刃铣刀	刀具内孔直径—刀柄工作长度
XL	装套式立铣刀	刀具内孔直径—刀柄工作长度
XMA	装 A 类面铣刀	刀具内孔直径—刀柄工作长度
XMB	装 B 类面铣刀	刀具内孔直径—刀柄工作长度
XMC	装 C 类面铣刀	刀具内孔直径—刀柄工作长度
KJ	装扩孔钻和铰刀	1∶30 圆锥大端直径—刀柄工作长度

自测题

一、判断题（正确的在括弧里划√，错误的在括弧里划×）

（　　）1. G01 的进给速率，除 F 值指定外，亦可在操作面板调整旋钮变换。（　　）

（　　）2. 执行程序 G92　X200.0　Y200.0；G91　G00　X200.0　Y200.0；为快速定位至绝对坐标 X200.0　Y200.0。

（　　）3. 程序 G92　X200.0　Y100.0　Z50.0；其位移量为 X200.0，Y100.0，Z50.0。

（　　）4. 一般 CNC 铣床在正常使用时，开机后的第一个步骤是各轴先行复归机械原点。

（　　）5. 更换 CNC 铣床主轴润滑系统用油时，为求方便，可不必依照原厂指示更换。

（　　）6. 在铣床上铰孔不能纠正孔的位置精度。

（　　）7. 为了保证孔的形状精度，在立式铣床上镗孔前，应找正铣床主轴轴线与工作台面的垂直度。

（　　）8. 为了保证铣床轴的传动精度，支持轴承的径向和轴向间隙调整得越小越好。

（　　）9. 机械原点是机床上的固定位置，并有零点减速开关。

（　　）10. 在数控机床中，Z 轴应该是平行于机床主轴的坐标轴。

（　　）11. 采用立铣刀加工内轮廓时，铣刀直径应小于或等于工件内轮廓最小曲率半径的 2 倍。

（　　）12. 在轮廓加工中，主轴的径向和轴向跳动精度不影响工件的轮廓精度。

（　　）13. 所有数控机床自动加工时，必须用 M06 指令才能实现换刀动作。

（　　）14. 加工中心自动换刀需要主轴准停控制。

（　　）15. 刀具半径补偿值不一定等于刀具半径值。

二、选择题（将正确的答案填在括弧里）

（　　）1. 在切削加工时，切削热主要是通过________传导出去的。

A. 切屑　　B. 工件　　C. 刀具　　D. 周围介质

（　　）2. 沿刀具前进方向观察，刀具偏在工件轮廓的左边是________指令，刀具偏在工件轮廓的右边是________指令，刀具中心轨迹和编程轨迹重合是________指令。

A. G40　　B. G41　　C. G42

（　　）3．刀具长度正补偿是________指令，负补偿是________指令，取消补偿是________指令。

A. G43　　B. G44　　C. G49

（　　）4. 铣刀直径为 50mm，铣削铸铁时其切削速度为 20m/min，则其主轴转速为________ r/min。

A. 60　　B. 120　　C. 240　　D. 480

（　　）5. 精细平面时，宜选用的加工条件为________。

A. 较大切削速度与较大进给速度　　B. 较大切削速度与较小进给速度

C. 较小切削速度与较大进给速度　　D. 较小切削速度与较小进给速度

(　　) 6. 在铣削铸铁等脆性金属时，一般________。

A. 加以冷却为主的切削液　　B. 加以润滑为主的切削液

C. 不加切削液

(　　) 7. 在数控铣床上铣一个正方形零件（外轮廓），如果使用的铣刀直径比原来小 1mm，则计算加工后的正方形尺寸差________。

A. 小 1mm　　B. 小 0.5mm　　C. 大 1mm　　D. 大 0.5mm

(　　) 8. 在数控铣床上用 ϕ20mm 铣刀执行下列程序后，其加工圆弧的直径尺寸是________mm。

N1　G90　G17　G41　X18.0　Y24.0　M03　H06；

N2　G02　X74.0　Y32.0　R40.0　F180；　　//刀具半径补偿偏置值是 ϕ10.2mm

A. ϕ80.2　　B. ϕ80.4　　C. ϕ79.8

(　　) 9. 数控铣床上进行手动换刀时最主要的注意事项是________。

A. 对准键槽　　B. 擦干净连接锥柄　　C. 调整好拉钉　　D. 不要拿错刀具

(　　) 10. 设置零点偏置（G54～G59）是从________输入。

A. 程序段中　　B. 机床操作面板　　C. CNC 控制面板

(　　) 11. 进行轮廓铣削时，应避免________和________工件轮廓。

A. 切向切入　　B. 法向切入　　C. 法向退出　　D. 切向退出

(　　) 12. 数控铣床坐标命名规定，工作台纵向进给方向定义为________轴，其他坐标及各坐标轴的方向按相关规定确定。

A. X　　B. Y　　C. Z

(　　) 13. 用数控铣床铣削凹模型腔时，粗精铣的余量可用改变铣刀直径设置值的方法来控制，半精铣时，铣刀直径设置值应________铣刀实际直径值。

A. 小于　　B. 等于　　C. 大于

(　　) 14. 铣削凹模型腔平面封闭内轮廓时，刀具只能沿轮廓曲线的法向切入或切出，但刀具的切入切出点应选在________。

A. 圆弧位置　　B. 直线位置　　C. 两几何元素交点位置

(　　) 15. 选择刀具起刀点时应考虑________。

A. 防止与工件或夹具干涉碰撞　　B. 方便工件安装与测量

C. 每把刀具刀尖在起始点重合　　D. 必须选择工件外侧

(　　) 16. 直线与圆弧切削属多轴同时控制，若 X、Y 轴进给率分别为 40mm/min、30mm/min，则进给率为________mm/min。

A. 30　　B. 40　　C. 50　　D. 60

(　　) 17. 若 X 轴与 Y 轴的快速移动速度均设定为 3000mm/min，若一指令 G91　G00　X50.0　Y10.0；，则其路径为________。

A. 先沿垂直方向，再沿水平方向　　B. 先沿水平方向，再沿垂直方向

C. 先沿 45°方向，再沿垂直方向　　D. 先沿 45°方向，再沿水平方向

(　　) 18. G90　G28　X10.0　Y20.0　Z30.0；中，X10.0、Y20.0、Z30.0 表示________。

A. 刀具经过的中间点坐标值　　B. 刀具移动距离

C. 刀具在各轴的移动分量　　D. 机械坐标值

(　　) 19. 在数控加工中，刀具补偿功能除对刀具半径进行补偿外，在用同一把刀进行粗、精加工时，还可进行加工余量的补偿，设刀具半径为 r，精加工时半径方向余量为 Δ，则最后一次粗加工走刀的半径补偿量为________。

A. r　　B. Δ　　C. r + Δ　　D. 2r + Δ

(　　) 20. 下面辅助指令不能做程序结束指令的是________。

A. M02　　B. M99　　C. M06　　D. M30

(　　) 21. 数控系统运用子程序的主要目的是________。

A. 提高加工效率　　B. 提高零件精度

C. 减少程序段语句　　D. 占用更多的内存空间

(　　) 22. 在有机械手换刀的加工中心中，在 MDI 方式下执行 T1 指令，则机床的动作是________。

A. 机械手抓主轴的当前刀具和刀库的刀具，并进行交换

B. 将主轴上的刀具作为 1 号刀，并放入刀库

C. 刀库先执行选 1 号刀具的动作，然后再由机械手将 1 号刀换到主轴上

D. 只执行刀库选 1 号刀具的动作

三、简答题

1. 确定铣刀进给路线时，应考虑哪些问题？

2. 简述数控机床上按“工序集中”原则组织加工的优点。

3. 简述刀具半径补偿 G41/G42 的判断方法。补偿值必须为刀具半径大小吗？为什么？

4. 质量要求高的零件在加工中心上加工时，为什么应尽量将粗精加工分两阶段进行？

5. 简述顺铣和逆铣的概念。顺铣和逆铣对加工质量有什么影响？如何在加工中实现顺铣或逆铣？

6. 在确定切入切出路径时应当考虑什么问题？怎样避免发生过切？

技 能 训 练

加工图示零件。

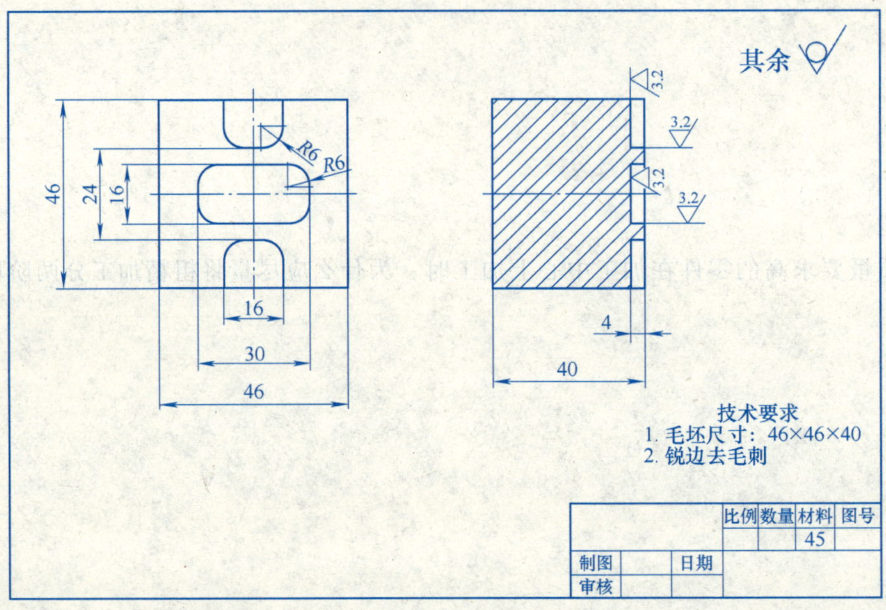

1. 加工路线

2. 程序清单

实训分析

项　目	是	否及原因
是否能正确进行开机准备?		
是否能熟练输入、编辑程序?		
程序是否正确?		
是否能正确选择机床和系统?		
是否能正确选择、安装刀具?		
是否能正确根据零件选择、安装毛坯?		
参数设置是否正确?		
对刀是否正确?		
加工过程中有无碰撞?		
是否能正确快速测量加工后的零件?		
零件是否合格?		

学习总结

在本课题中的收获（已经学会的）			
在本课题中还存在的问题（没有学懂，而希望老师指导的）			
本课题的学习自评等级（优、良、中、差）		学生签名	
教师评价			
总成绩		教师签名	

参考文献

[1] 李宏胜．机床数控技术及应用［M］．北京：高等教育出版社，2006.

[2] 韩洪涛．机械加工设备及工装［M］．北京：高等教育出版社，2004.

[3] 赵长旭．数控加工工艺［M］．西安：西安电子科技大学出版社，2006.

[4] 陈洪涛．数控加工工艺与编程［M］．北京：高等教育出版社，2003.

[5] 龚仲华．数控技术［M］．北京：机械工业出版社，2007.

[6] 周湛学，刘玉忠．数控电火花加工［M］．北京：化学工业出版社，2007.

[7] 张学仁，罗晶，韩秀琴．数控电火花线切割加工［M］．哈尔滨：哈尔滨工业大学出版社，2005.

[8] 孙德茂．数控机床车削加工直接编程技术［M］．北京：机械工业出版社，2005.

[9] 刘晋春，赵家齐，赵万生．特种加工［M］．4版．哈尔滨：哈尔滨工业大学出版社，2004.

[10] 卢万强．数控加工技术［M］．北京：北京理工大学出版社，2008.

[11] 张兆隆．数控加工工艺与编程［M］．北京：机械工业出版社，2008.

[12] 解海滨．数控加工技术实训［M］．北京：机械工业出版社，2008.